백종원이
추천하는
집밥 메뉴
56

.... 님께

....

....

.... 드림

백종원이 추천하는
집밥 메뉴 56

초판 1쇄 발행 2019년 06월 10일
초판 28쇄 발행 2024년 10월 07일

지은이 백종원

발행인 심정섭
편집장 신수경
디자인 박수진
사진 김철환(요리) 장봉영(인물)
스타일링 김지현 **어시스트** 이경훈 김경태
그릇 협찬 윤현상재 빛회 마노도자
마케팅 김호현
제작 정수호

ⓒ 백종원, 2019

발행처 (주)서울문화사 | **등록일** 1988년 12월 16일 | **등록번호** 제2-484호
주소 서울시 용산구 한강대로 43길 5 (우)04376
구입문의 02-791-0708 | **팩시밀리** 02-749-4079
이메일 book@seoulmedia.co.kr
블로그 smgbooks.blog.me | **페이스북** www.facebook.com/smgbooks/

ISBN 979-11-6438-007-7(13590)

백종원이
추천하는
집밥 메뉴
56

백종원 지음

서울문화사

'백종원이 추천하는 집밥 메뉴' 시리즈를 처음 출간한 이후 어느덧 5년이라는 시간이 흘렀습니다. 그동안 200여 가지의 국, 찌개, 반찬, 찜 등 집에서 해볼 수 있는 다양한 집밥 메뉴를 소개하고자 했습니다. 뿐만 아니라 제 나름대로 연구한 만능간장, 만능된장, 만능오일, 만능맛간장 등 일명 '만능시리즈'를 만들어 누구나 간단하고 쉽게 맛있는 요리를 해 먹을 수 있도록 노력했습니다. 또한 한식, 양식, 중식 등 여러 나라의 메뉴도 소개해보았습니다. 부족한 면도, 아쉬운 면도 많았지만 그래도 저를 믿고 레시피를 따라 해주시고 따뜻한 마음으로 격려해주신 많은 독자 여러분께 다시 한번 진심으로 감사의 마음을 전합니다.

요즘은 이른바 '혼밥족'이라 일컫는 혼자 살고 혼자 밥을 먹는 사람들이 부쩍 많아졌지만, '백종원이 추천하는 집밥 메뉴' 시리즈는 대개 4인 또는 2인을 중심으로 여럿이 함께 먹을 수 있는 메뉴를 주로 담았습니다. 사실 시켜 먹거나 나가서 사 먹으면 가장 간단한데, 집에서 직접 해 먹기란 여간 복잡하고 성가신 일이 아닙니다. 무얼 먹을지에 대한 메뉴 고민부터 장 보기, 재료 손질하기, 요리하기, 게다가 뒷정리까지……. 생각만 해도 복잡하고 어렵게 느껴집니다. 요리초보자에게는 더욱더 그럴 것입니다. 그런데 막상 내가 만든 요리를 상대가 맛있게 먹는 모습을 보면 그것보다 즐겁고 행복한 일도 없습니다. 가족을 위해, 연인을 위해, 또 다른 누군가를 위해 정성스럽게 만들어 대접하는 마음. 그런 맛에 요리를 하는 게 아닐까요.

그동안 여러 권의 요리책을 내면서 가장 힘들었던 점 중의 하나가, 누구를 기준으로 '간'을 맞출지였습니다. 싱겁다고 하는 사람도 있고, 짜다고 하는 사람도 있고, 달다고 하는 사람도 있었습니다. 이렇듯 제각각 입맛이 다르니 각자의 기호에 따라 원하는 대로 간장, 소금, 설탕 등 간을 조절하면 됩니다. 또한 저의 레시피를 꼭 그대로 다 따라 할 필요도 없습니다. 요리를 하면서 자기 나름대로 변화를 주면서 개인의 입맛에 맞춘 레시피로 재탄생시킬 수도 있습니다. 그러다 보면 어느새 '요리'가 즐겁고 행복한 일상 중 하나로 자리매김할 것입니다. 이렇게 '요리'라는 일상생활을 통해 삶의 행복을 느낄 수 있게 되기를 바라며, 더불어 나가서 사 먹는 식당에서도 요리사가 손님을 위해 얼마나 애쓰고 정성을 들이는지도 다시금 느끼는 계기가 되길 바랍니다.

2019년 6월

백종원

집밥 기본기 다지기

* 된장

* 고추장

* 청국장

* 진간장

* 국간장

* 간 마늘

* 마늘

* 간 생강

* 생강

* 꽃소금

* 고운 고춧가루

* 굵은 고춧가루

* 황설탕

* 후춧가루

* 통깨

* 깨소금

* 참기름

* 들기름

* 식용유

* 올리브유

* 멸치액젓

* 새우젓

* 식초

* 맛술

* 물엿

* 조청

* 감자전분

* 튀김가루

* 부침가루

* 밀가루

* 마요네즈

* 토마토케첩

* 버터

* 굴소스

* 땅콩버터

* 겨자

청국장과 된장은 어떻게 다를까?

＊청국장

＊된장

1. 청국장은 된장보다 간이 싱거운 편이고, 냄새는 구수한 향이 더 강하고 진하다.

2. 청국장은 입자가 거칠고, 된장에 비해 숙성되는 시간이 짧고 제조 방법도 다르다.

3. 청국장은 메주콩(백태)을 삶아 2~3일간 발효시킨다. 발효된 메주콩을 적당히
으깬 후 취향에 따라 소금, 고춧가루 등을 넣어 간을 맞춘다.

4. 된장은 발효된 메주를 으깨서 소금물과 함께 항아리에 넣고 2개월 정도 발효시킨다.

이 책의 계량법

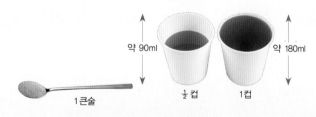

약 90ml

약 180ml

1큰술   ½컵   1컵

＊계량은 밥숟가락과 종이컵으로 했다.

＊1큰술은 밥숟가락으로 소복이 한 숟가락이다.

＊1컵은 종이컵 1컵이며 약 180ml다.

＊모든 양념은 개인 취향에 따라 가감할 수 있다.

집밥 1장

집밥 업그레이드해주는 만능맛간장

집밥 2장

식탁에 원기 돋우는 국 & 찌개

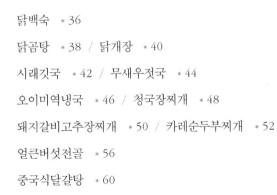

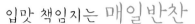 집밥 3장 입맛 책임지는 매일반찬

집밥 4장 실속 있는 일품요리 & 주말요리

집밥 업그레이드해주는 만능맛간장

쉽고, 빠르고, 맛있게 만든다

만능맛간장 하나면 건강을 지켜주는 밥상을 쉽게 차릴 수 있다.

자글자글 끓여 먹는 김치짜글이에서

식탁을 풍성하게 해주는 스피드장조림, 간장콩불, 콩나물찜,

한 그릇으로 푸짐하게 먹을 수 있는

차돌박이국수, 당면국수, 김치피제비, 냉라면까지.

제대로 맛있는 맛을 내주는 만능맛간장을 활용해보자.

만능맛간장

만능맛간장 만들기

찌개, 무침, 조림 등 간장이 필요한 요리에 넣으면 더욱 감칠맛을 내는 만능맛간장.
짬 날 때 만들어두면 조리 시간도 줄여주고 맛도 책임져주는 든든한 만능 양념이다.

 **1. 재료 준비하기**

국간장 : 진간장 : 맛술 = 1:1:$\frac{1}{2}$

*국간장
1컵 (180㎖)

*진간장
1컵 (180㎖)

*맛술
$\frac{1}{2}$컵 (90㎖)

*다시마
5장 (7×7cm, 10g)

*마른 표고버섯
5개 (10g)

*대파
1대 (100g)

2. 만능맛간장 만들기

1

생 표고버섯보다
마른 표고버섯이
향과 풍미가
더 좋다.

마른 표고버섯은 볼에 담아 30분 이상 물에
불린다.

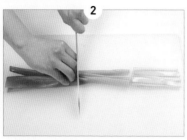

2

대파는 반으로 갈라 15cm 길이로 썬다.

3

잘게 썰면
향이 더 빨리
우러난다.

물에 불린 표고버섯은 손으로 꼭 짜 물기를 없
애고 0.5cm 두께로 잘게 썬다.

4

냄비에 국간장, 진간장, 맛술을 넣는다.

5

대파, 표고버섯, 다시마를 넣고 불에 올려 끓
인다.

6

약불에서
은근하게 끓이면
대파와 버섯의
맛과 향이 잘
우러난다.

국물이 팔팔 끓어오르면 약불로 줄인다.

7

10분 정도 더 끓인 후 불을 끄고 다시마를 건
져낸다.

8

파가 가장 빨리
상할 수 있으니
건져내고 보관해야
오래 두고 먹을 수
있다.

밀폐용기에 옮겨 담아 충분히 식힌 후 대파를
건져내서 만능맛간장을 완성한다.

3. 만능맛간장 활용과 보관

＊ 만능맛간장은 라면에 넣어 먹어도 맛있고, 우동 육수, 샤브샤브 육수로 활용할
　 수도 있다.

＊ 밀폐용기에 담아 반드시 냉장 보관하고, 오래 두고 먹을 경우에는 다시 한 번 끓
　 여서 식힌 후 냉장 보관한다.

김치짜글이

짜글이는 자글자글 끓는 모양에서 지어진 이름으로
양념한 돼지고기에 갖은 채소를 넣어 만든
충청도 향토 음식이다.

 재료(4인분)

돼지고기(사태) 2컵 (300g)	만능맛간장 속 표고버섯 6조각
신김치 1½컵 (195g)	간 마늘 1큰술
대파 3½대 (350g)	굵은 고춧가루 2큰술
양파 1개 (250g)	고추장 2큰술
새송이버섯 1½개 (90g)	물 4컵 (720㎖)
만능맛간장 ⅖컵 (72㎖)	**Tip** 불린 당면 1½컵 (90g)

돼지사태는 돼지의 앞뒷다리 정강이 부위로 주로 국물 요리나
찜 요리에 이용된다. 쫀득쫀득한 식감이 특징이다.

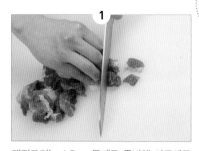

1

돼지고기는 1.5cm 두께로 준비해 가로세로 1.5cm 크기로 깍둑썰기한다.

고기 외의 재료는 기호에 따라 넣어도 OK.

2

대파는 반으로 갈라 6cm 길이로 썰고, 새송이버섯은 반으로 갈라 길이 6cm, 두께 0.5cm로 어슷 썬다. 양파는 반으로 잘라 1.5cm 두께로 채 썬다.

3

만능맛간장 속 표고버섯은 가위로 잘게 자른다.

물은 고기 양의 두 배!

4

깊은 팬에 물을 넣고 불에 올린다.

5

물이 팔팔 끓어오르면 돼지고기를 넣고 끓인다.

6

고추장, 간 마늘, 굵은 고춧가루를 넣고 저어가며 끓인다.

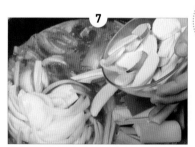

7

국물이 끓어오르면 양파, 대파, 버섯을 넣고 국물이 우러날 때까지 끓인다.

김치를 넣을 것을 고려해서 간을 맞춘다.

8

만능맛간장을 넣어 간을 맞추고 표고버섯을 넣는다.

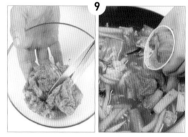

9

신김치는 가위를 이용해 먹기 좋게 잘라 넣는다.

10

채소가 숨이 죽을 때까지 끓여서 완성한다.

고기를 건져 파에 싸서 먹거나 쌈 채소에 싸서 먹어도 맛있다.

Tip

짜글이를 고기 위주로 먹을 것인지, 국물 위주로 먹을 것인지에 따라 조리 순서가 달라질 수 있다. 고기를 먹으려면 끓는 물에 고기를 넣어야 육즙을 살릴 수 있고, 국물을 먹으려면 찬물에 넣고 끓여야 제맛을 낼 수 있다.

김치짜글이를 어느 정도 먹고 난 후 불린 당면을 넣어 먹으면 맛있다.

스피드장조림

시간이 오래 걸려 날 잡아 만들던 장조림을 만능맛간장만 있으면
10분 만에 뚝딱 만들 수 있다. 건더기가 많아 씹는 맛이 일품인
스피드장조림 한 숟갈이면 다른 반찬이 필요 없다.

 재료(4인분)

소고기(불고기용) 1½컵 (150g)
새송이버섯 1개 (60g)
통마늘 12개 (60g)
꽈리고추 8개 (48g)
만능맛간장 1컵 (180㎖)
만능맛간장 속 표고버섯 6조각
물 ½컵 (90㎖)

소고기를 냉장고에 오래 보관했거
나 밀폐가 잘 안 됐을 경우에는 약
불에서 좀 더 오래 끓여야 냄새를
잡을 수 있다. 잡내가 심할 경우에는 조리 전에
녹여서 물에 담가 핏물을 뺀 후 사용한다.

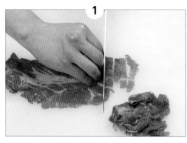

1

소고기는 길이 5cm, 두께 0.7cm로 잘게 썬다.

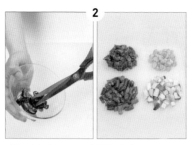

2

만능맛간장 속 표고버섯은 가위로 잘게 자른다. 통마늘은 큼직하게 반으로 자르고, 꽈리고추는 2cm 두께로 썬다. 새송이버섯은 사방 1cm의 사각형으로 썬다.

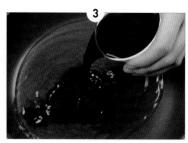

3

팬에 물과 만능맛간장을 넣고 강불에서 끓인다.

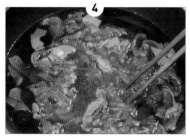

4

국물이 팔팔 끓어오르면 소고기를 넣고 소고기가 뭉치지 않도록 젓가락으로 잘 풀어준다.

5

거품은 팔팔 끓어오를 때 걷어내면 쉽다.

2~3분 끓인 후 올라온 거품은 걷어낸다.

6

표고버섯, 마늘을 넣는다.

7

자박자박 찌개 느낌이 나면 OK.

새송이버섯을 넣고 중불로 3분 정도 조린다.

8

꽈리고추를 넣고 1분 정도 더 조린다.

9

불을 끄고 볼에 옮겨 담아 충분히 식혀서 완성한다.

장조림버터밥 만들기

밥 한 공기에 버터 1큰술, 스피드장조림 1큰술을 넣고 비벼서 먹으면 고소한 맛의 장조림버터밥을 즐길 수 있다. 단, 색이 연해도 간이 충분하니, 먼저 1큰술 넣어 먹어 보고 싱거우면 그때 스피드장조림을 좀 더 추가해도 된다.

간장콩불

대패삼겹살을 이용해 만든 파기름과 만능맛간장이 만나
풍미가 더욱 좋아진 맵지 않은 콩나물불고기를 만들어보자.

 재료 (4인분)

대패삼겹살 350g
콩나물 2½컵 (175g)
대파 1½대 (150g)
만능맛간장 ⅓컵 (60㎖)
황설탕 1큰술

1

대파는 반으로 갈라 6cm 길이로 큼직하게 썰고, 콩나물은 깨끗이 씻어 체에 밭쳐 물기를 뺀다.

2

팬을 불에 올린 후 대패삼겹살을 넣고 젓가락으로 뭉치지 않도록 잘 펴주며 굽는다.

3

대패삼겹살이 노릇하게 익으며 기름이 나오면 대파를 넣는다.

4

돼지기름과 파기름이 만나 고소함과 향이 최고!

대패삼겹살과 대파를 함께 볶아 파기름을 낸다.

5

황설탕을 넣고 골고루 섞어가며 볶아 윤기를 낸다.

6

대패삼겹살과 대파에 간장 향이 배면서 풍미가 높아진다.

만능맛간장을 팬 가장자리에 빙 둘러 넣어 눌린다.

7

대패삼겹살에 간이 충분히 배면 콩나물을 넣고 젓가락으로 골고루 섞으며 볶아서 완성한다.

콩나물찜

콩나물이 주인공이 된 찜 요리로, 그 자체로도 색다른 반찬이 되고
해물을 넣으면 손님상에 올리기에 손색이 없는 해물찜이 완성된다.

 재료(4인분)

콩나물 1봉 (320g)　　만능맛간장 ⅓컵 (60㎖)
대파 1대 (100g)　　　황설탕 1큰술
새송이버섯 2개 (120g)　참기름 1큰술
양파 ½개 (125g)　　　물 ½컵 (90㎖)
간 마늘 1큰술
고추장 2큰술
굵은 고춧가루 2큰술

 전분물

감자전분 ½큰술
물 1큰술

1

양파는 반으로 잘라 0.4cm 두께로 채 썰고, 대파는 반으로 갈라 6cm 길이로 썬다. 새송이버섯은 길게 반으로 잘라 0.4cm 두께로 어슷 썬다.

2

콩나물은 깨끗이 씻어 체에 밭쳐 물기를 뺀다.

3

팬을 불에 올린 후 물 ½컵을 넣고, 물이 끓어오르면 콩나물을 넣는다.

4

새송이버섯, 대파, 양파를 넣는다.

5

고추장, 굵은 고춧가루, 황설탕을 넣는다.

6

양념이 골고루 배도록 섞은 후 콩나물과 다른 재료들이 숨이 죽고 수분이 나올 때까지 끓인다.

7

간 마늘, 만능맛간장을 넣고 잘 섞는다.

8

감자전분이 없다면 밀가루나 부침가루를 사용해도 된다.

감자전분과 물 1큰술을 섞어 전분물을 만든다.

9

전분물을 한꺼번에 넣지 말고 조금씩!

끓고 있는 국물이 어느 정도 졸아들면 전분물을 조금씩 넣으며 원하는 농도를 맞춘다.

10

찜 요리의 완성, 참기름의 마법!

불을 끈 후 참기름을 넣고 섞어서 완성한다.

Tip

＊찜 요리에는 두절콩나물을 사용하면 편하다.

＊새우, 게, 오징어, 코다리 등 찜에 어울리는 다른 재료를 넣을 때는 콩나물을 넣기 전 단계에서 물 양을 더 잡고 충분히 익혀야 한다. 미더덕은 익는 시간이 오래 걸리지 않으므로 콩나물을 넣을 때 함께 넣는다.

＊어묵이나 소시지를 큼직하게 썰어 넣어도 맛이 잘 어우러지고, 조미김가루를 뿌려 먹으면 더 맛있다.

차돌박이국수

진한 고기 국물과 표고버섯의 향긋함이 더욱 입맛 돌게 하는 차돌박이국수.
무는 차돌박이에서 나오는 기름기를 잡아주고
국물 맛을 더욱 담백하고 시원하게 해준다.

 재료(4인분)

소고기(차돌박이) 400g
건소면 400g
무 3컵 (330g)
대파 1대 (100g) + 8큰술 (56g)
(국물용 1대, 고명용 8큰술)
양파 ½개 (125g)
당근 ½개 (90g)
돼지호박 ½개 (200g)
달걀 2개

간 마늘 1큰술
만능맛간장 ⅗컵 (144㎖)
(고기 볶음용 ⅖컵, 간 맞춤용 ⅖컵)
만능맛간장 속 표고버섯 5조각
후춧가루 약간
물 21컵 (3,780㎖)
(국물용 10컵, 면 삶기용 11컵)

차돌박이는 자체에서 나오는 기름으로 구워야 풍미가 더 좋다. 불고기감을 이용할 경우에는 팬에 기름을 두르고 충분히 구워준 후 기름을 따라낸다.

1

채소를 채 썰어 넣으면 면과 잘 어우러진다.

무, 돼지호박, 당근은 길이 6cm, 두께 0.5cm로 썬다. 대파는 0.3cm 두께로 송송 썰고, 양파는 반으로 잘라 0.3cm 두께로 채 썬다.

2

만능맛간장 속 표고버섯은 가위로 잘게 자른다.

3

달걀은 볼에 넣고, 차돌박이를 준비한다.

4

냄비에 차돌박이를 넣고 불에 올려 굽는다. 이때 차돌박이가 뭉치지 않도록 젓가락으로 살살 풀어준다.

5

무가 차돌박이에서 나온 기름기를 흡수해 느끼함을 잡아준다.

차돌박이의 붉은 기가 없어질 정도로 익으면 무를 넣고 저어가며 볶는다.

6

만능맛간장 ⅔컵을 넣고 차돌박이와 무를 저어가며 조리듯이 볶는다.

7

국을 끓일 때 재료를 먼저 양념에 조리고 물을 조금 넣어 끓이면 간이 재료 속까지 빠르게 잘 배어 맛이 깊어진다.

차돌박이에 간이 충분히 배고 국물이 졸아들 때 물을 넣고 끓인다.

8

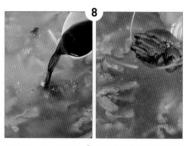

국물에 만능맛간장 ⅓컵과 표고버섯을 함께 넣고 끓인다. 이때 간이 짜면 물을 조금 더 넣는다.

9

양파, 돼지호박, 당근을 넣는다.

10

간 마늘을 넣고 팔팔 끓인다.

＊만능맛간장을 기름에 튀기듯 살짝 눌려 향을 내주면 차돌박이와 무에 맛과 향이 배고 나중에 물을 넣고 끓여도 고기에 간이 충분히 밴 상태라 더욱 맛있다.

＊채소의 양이 너무 적으면 국물 맛이 잘 우러나지 않는다. 찌개에 건더기가 들어가 있는 정도로 채소를 넉넉히 넣는 게 좋다.

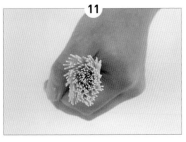

11

손으로 건소면을 쥐어 조리할 분량을 준비해둔다. 500원짜리 동전 크기 정도로 잡으면 1인분이다.

12

깊은 냄비에 물 10컵을 넣고 팔팔 끓인 후 건소면을 펼쳐서 넣는다. 젓가락으로 저어 건소면이 물에 잠기도록 풀어준다.

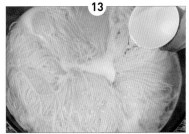

13

물이 끓어오르면 냉수 $\frac{1}{2}$컵을 넣고 젓가락으로 저으며 계속 끓인다.

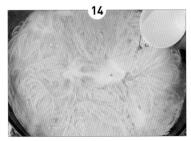

14

물이 두 번째로 끓어오르면 다시 냉수 $\frac{1}{2}$컵을 넣고 젓가락으로 저으며 끓인다.

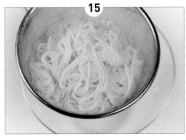

15

물이 세 번째로 끓어오르면 불을 끄고, 체로 면을 건져낸다.

16

건져낸 면을 재빨리 찬물이나 얼음물에 넣고 빨듯이 강하게 비벼서 전분을 제거한 후 체에 밭쳐 물기를 뺀다.

17

물기를 뺀 면을 엄지와 검지로 들어 올린 후 한 바퀴 돌려서 그릇에 담는다.

18

면이 담긴 그릇에 국물을 넣어 토렴한다.

토렴이란?

밥이나 국수에 뜨거운 국물을 부었다 따랐다 하여 덥게 하는 것!

19

토렴한 국수 위에 건더기를 풍성하게 올린
다.

20

살짝 덜 풀린 정도로
넣어야 익었을 때
색감도 좋고
먹음직스러워 보인다.

볼에 넣어둔 달걀이 완전히 섞이지 않도록
살짝 풀어준다.

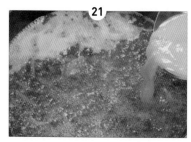

21

끓고 있는 국물에 풀어놓은 달걀을 둘러서
넣는다.

22

대파를 넣고 끓인다.

23

면과 건더기가 담긴 그릇에 국물을 넣는다.

24

고명용 대파, 후춧가루를 뿌려서 완성한다.

만능맛간장

당면국수

만능맛간장과 당면이 만나 졸깃졸깃하면서 탱글탱글한 감칠맛을 낸
당면국수는 일반 국수나 잡채와는 또 다른 매력을 주는 메뉴다.

 재료(2인분)

불린 당면 6컵 (360g)
양파 1개 (250g)
당근 ½개 (90g)
돼지호박 ½개 (100g)
만능맛간장 6큰술 (60g)
만능맛간장 속 표고버섯 5조각
간 마늘 1큰술
황설탕 1큰술

통깨 ½큰술
참기름 2큰술
(당면 버무리기용 1큰술, 양념용 1큰술)
식용유 5큰술
후춧가루 약간
물 8컵 (1,440㎖)

1

당근, 돼지호박은 길이 5cm, 두께 0.3cm로 채 썰고, 양파는 반으로 잘라 0.3cm 두께로 채 썬다. 만능맛간장 안에 들어 있는 표고버섯은 가위로 잘게 자른다.

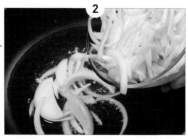

2

넓은 팬을 불에 올려 식용유를 넣고 달군 후 양파를 넣고 볶는다.

3

후춧가루를 넣고 저으며 볶는다.

4

양파가 숨이 죽기 시작하면 당근, 돼지호박, 표고버섯을 넣고 골고루 섞이도록 저어가며 볶는다.

5

볶은 채소들을 넓은 쟁반에 옮긴다. 채소들이 뭉치지 않게 젓가락으로 펼쳐서 식힌다.

6

냄비에 물을 넣고 불에 올린 후 물이 팔팔 끓기 시작하면 당면을 넣고 3~4분 정도 삶는다.

7

불을 끄고 체로 당면을 건져낸 후 재빨리 얼음물에 담근다.

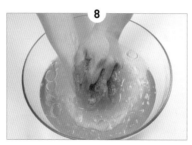

8

당면을 빨듯이 손으로 비벼가며 헹군 후 체에 밭쳐 물기를 뺀다.

9

바로 비벼놔야 당면이 달라붙지 않는다!

물기를 뺀 당면을 볼에 넣고 참기름을 넣어 조물조물 버무린다.

10

당면에 만능맛간장, 황설탕, 간 마늘, 통깨를 넣는다.

11

식혀둔 채소, 참기름을 넣고 힘 있게 버무려서 완성한다.

소면과 달리 당면은 양념이 잘 배지 않으니 힘 있게 버무릴 것!

Tip

채소를 식힐 때 뭉쳐 놓고 식히면 채소에서 물이 나온다. 펼쳐서 식히면 채소 자체에 수분을 가지고 있어 아삭한 식감을 낸다.

김치피제비

만두피를 이용해 쉽고 빠르게 만들 수 있는 김치수제비다.
멸치가루로 맛을 낸 얼큰한 국물에 부드럽게 넘어가는 수제비를 즐겨보자.

 재료(4인분)

신김치 2½컵 (325g)
만두피 20장 (180g)
멸치가루 2큰술
대파 1대 (100g)
애호박 ½개 (160g)
청양고추 2개 (20g)

간 마늘 ½큰술
굵은 고춧가루 1큰술
만능맛간장 3큰술 (30g)
액젓 3큰술
물 7컵 (1,260㎖)

냉장 보관된 만두피는
잘 떨어지지만 냉동실
에서 오래 보관한 만두
피는 잘 떨어지지 않으므로 한 장씩
떼어서 넣는 것이 좋다. 잘 떨어지지
않은 상태에서 넣으면 떡처럼 뭉칠
수 있으니 주의한다.

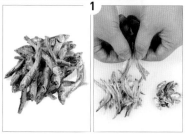

1

국물용 멸치를 준비하고, 멸치는 내장과 머리를 제거한다.

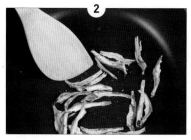

2

넓은 팬을 불에 올려 달군 후 식용유 없이 멸치를 넣고 살짝 볶는다.

3

볶은 멸치는 식힌 후 믹서기에 넣고 곱게 갈아서 멸치가루를 만든다.

Tip 멸치가루는 미리 갈아서 냉장 보관해두고 사용해도 되지만, 냄새가 밸 수 있으므로 필요할 때마다 갈아서 바로 사용하는 것이 더욱 좋다.

김치의 양은 색과 간에 따라 조절!

4

신김치는 볼에 넣고 가위로 먹기 좋은 크기로 자른다. 애호박은 길게 반으로 잘라 0.3cm 두께의 반달 모양으로 썰고, 청양고추와 대파는 0.3cm 두께로 송송 썬다. 만두피는 3등분한다.

5

냄비에 물을 넣고 불에 올린 후 멸치가루를 넣고 숟가락으로 잘 풀어주며 끓인다.

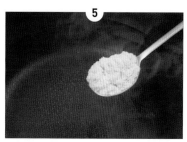

6

국물이 끓기 시작하면 신김치를 넣고 골고루 저어준다.

7

굵은 고추가루의 양은 색을 보고 조절한다.

굵은 고춧가루를 넣고 저어준다.

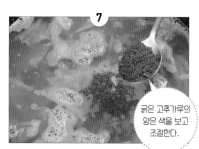

8

간 마늘, 만능맛간장, 액젓을 넣는다.

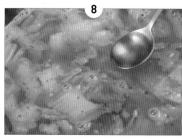

9

국물이 끓어오르면 애호박, 대파, 청양고추를 넣고 저어가며 끓인다.

끓기 전에 넣으면 만두피가 퍼짐!

10

국물이 팔팔 끓어오르면 만두피를 한 장씩 떼어서 넣는다.

11

만두피가 붙지 않도록 저어주며 끓여서 완성한다.

냉라면

시원하고 칼칼한 국물과
탱탱한 라면 면발이
더욱 잘 어울리는 냉라면.
마음속까지 시원해지는 별미 메뉴다.

재료(1인분)

라면 1개
콩나물 1¼컵 (약 88g)
양파 ½개 (약 62g)
청양고추 2개 (20g)
만능맛간장 2큰술 (20g)

황설탕 2큰술
식초 2큰술
물 5컵 (900㎖)
(라면 삶기용 4컵, 냉국용 1컵)
사각얼음 10개

30

1

청양고추는 0.3cm 두께로 송송 썰고, 양파는 0.3cm 두께로 얇게 채 썬다. 콩나물은 깨끗이 씻어 체에 밭쳐 물기를 뺀다.

2

볼에 분말 스프, 청양고추, 만능맛간장, 황설탕, 식초, 물 1컵을 넣고 잘 섞는다.

3

냄비에 물 4컵을 넣고 불에 올려 끓이다가 물이 팔팔 끓어오르면 면과 건더기 스프를 넣는다.

4

콩나물, 양파를 넣고 젓가락으로 풀어주며 끓인다.

5

면이 익으면 불을 끄고 건더기와 함께 체에 밭쳐 물기를 제거한다.

6

체에 밭친 채로 찬물이나 얼음물에 넣고 헹군 후 물기를 뺀다.

7

그릇에 면과 재료를 담는다.

8

②에 얼음을 넣고 저어서 냉국을 만든다.

9

면에 냉국을 부어서 완성한다.

*냉국의 간이 짜면 얼음이 녹을 것을 대비해서 물을 조금만 더 넣어 간을 맞춘다.

*냉국을 만들 때 얼음을 넣지 않고 차가운 물로만 만들 경우에는 1½컵 이상을 넣어야 간이 맞는다.

★집밥 2장★

식탁에 원기 돋우는
∿ 국 & 찌개 ∿

평범한 재료로 특별한 맛을 낸다

집밥에 빠지면 서운한 국물 요리 11가지.

닭 한 마리로 제대로 몸보신하는 닭백숙, 닭곰탕, 닭개장,

개운하고 뜨끈한 맛 시래깃국, 무새우젓국,

청국장찌개, 돼지갈비고추장찌개, 오이미역냉국,

집밥 백선생만의 특별한 맛 카레순두부찌개, 버섯전골, 중국식달걀탕.

모두 평범한 재료지만 건강을 지켜주는 알찬 국물 요리다.

닭 삶기의 모든 것

닭 한 마리를 푹 삶아내면 만들 수 있는 요리가 무궁무진하다.
손질하는 법부터 삶는 법까지 배워서 다양한 닭 요리에 도전해보자.

 **재료(4인분)**

닭(9호) 1마리
양파 ½개 (125g)
대파 1대 (100g)
물 17컵 (3,060㎖)

 닭 손질하기

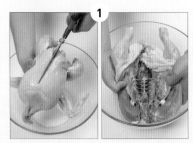

1 닭을 씻기 전에 가위로 배에서 목까지 잘라 펼친다.

2 흐르는 물에 닭 표면과 뼛가루를 충분히 씻어준다.

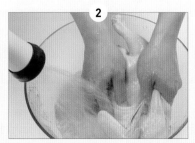

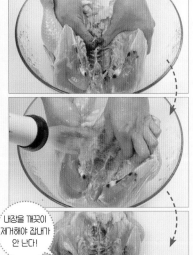

3

내장을 깨끗이 제거해야 잡내가 안 난다!

내장과 불순물 등은 손가락으로 밀어내듯이 빼내며 씻은 후 물기를 빼준다.

 *담백한 맛을 내기 위해 닭 껍질과 닭 껍질에 붙은 지방을 떼어내고 조리하는 경우도 있지만, 고소하고 깊은 맛을 내려면 껍질째 조리하는 것이 좋다. 특히 닭 껍질에 붙은 지방은 맛을 내는 기름기를 함유하고 있어 조리하고 난 후에 떼어내는 것이 좋다.

*닭곰탕이나 닭개장에 들어가는 닭은 삶아서 찢어서 사용할 것이라 크기는 상관없다.

닭삶기

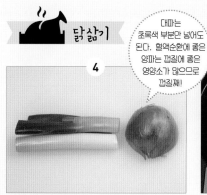

대파는 초록색 부분만 넣어도 된다. 혈액순환에 좋은 양파는 껍질에 좋은 영양소가 많으므로 껍질째!

4

대파는 큼직하게 썰고, 양파는 껍질째 꼭지만 자른다.

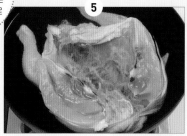

5

큰 냄비에 물을 넣고 닭을 넣은 후 불에 올린다.

양파, 대파는 잡내를 없애고 풍미를 높여주는 역할!

6

양파, 대파를 넣고 30분 정도 삶는다.

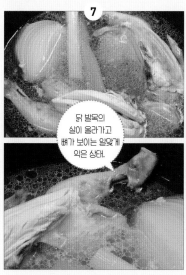

7

닭 발목의 살이 올라가고 뼈가 보이는 알맞게 익은 상태.

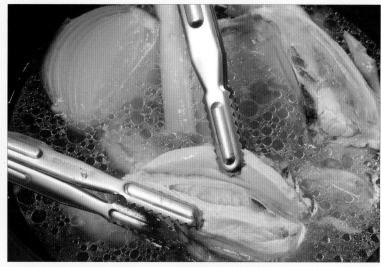

30분 정도 삶은 후 닭 발목의 살이 올라가고 뼈가 보이면 집게를 이용해 두꺼운 가슴살과 발목의 살을 살짝 찢어본다.

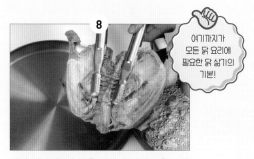

8

여기까지가 모든 닭 요리에 필요한 닭 삶기의 기본!

닭이 삶아졌으면 닭을 건져내 접시에 옮겨 담아서 완성한다.

Tip

가장 일반적으로 많이 쓰이는 닭은 9호로 851~950g의 무게다. 너무 오래 삶으면 육수는 진하게 우러나오지만 닭살이 퍼져 쫄깃한 식감이 없어지고, 맛도 오히려 떨어질 수 있으니 30분 정도가 적당하다. 속살과 발목의 살이 잘 찢어지면 잘 삶아진 것이다.

삶은 닭
활용

닭백숙

삶은 닭고기를 향긋한 부추, 대파와 함께 특제 양념에 찍어 먹는
색다른 이북식 닭백숙을 만들어보자.

 재료(4인분)

삶은 닭 (34~35쪽 참조)
대파(흰 부분) 1대 (60g)
부추 ½단 (100g)

 양념장 (1인분)

간 마늘 ½큰술
대파(흰 부분) 1큰술 (7g)
겨자 ⅙큰술
불린 고춧가루
(굵은 고춧가루 ⅙컵(20g) + 닭 육수 ¼컵 (45㎖))

진간장 2큰술
황설탕 ½큰술
식초 1큰술

●소금장

꽃소금 1큰술   후춧가루 ⅙큰술

1

백숙용 대파는 반으로 갈라 8cm 길이로 썰고, 부추는 2등분한다.

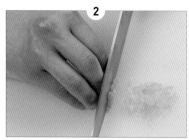

2

양념장용 대파는 잘게 다진다.

3

육수 대신 뜨거운 물 OK.

작은 볼에 굵은 고춧가루를 넣고, 닭 육수를 부은 후 잘 섞어 불린다.

4

새로운 볼에 간장, 식초, 황설탕을 넣고 잘 섞어 초간장을 만든다.

5

굵은 고춧가루가 충분히 불었으면, 양념장 접시에 덜어놓고 간 마늘, 대파, 겨자를 넣는다.

6

만들어둔 초간장을 넣어 양념장을 완성한다.

7

두 가지 양념장 완성!

새로운 볼에 꽃소금과 후춧가루를 넣고 잘 섞어서 소금장을 완성한다.

8

닭이 식었다면 뜨거운 육수에 넣고 한 번 더 데운다.

체에 부추를 넣고 뜨거운 육수에서 살짝 데쳐낸 후 삶은 닭 위에 올린다.

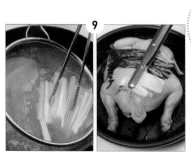

9

대파도 부추와 같은 방법으로 살짝 데쳐낸 후 닭 위에 올린다.

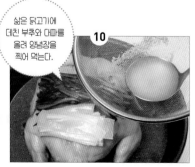

10

삶은 닭고기에 데친 부추와 대파를 올려 양념장을 찍어 먹는다.

육수를 3국자 정도 체에 밭쳐 닭백숙 위에 부어서 완성한다.

삶은 닭
활용

닭곰탕

푹 삶은 닭고기 살을 찢어 넣고 뜨끈한 육수에 밥 한 공기를 말면
간단하지만 든든한 닭곰탕이 완성된다.

재료(4인분)

삶은 닭 (34~35쪽 참조)
밥 4공기 (800g)
대파 8큰술 (56g)
꽃소금 1큰술
후춧가루 약간

너무 크게 찢으면 간이 잘 배지 않고 너무 작게 찢으면 다시 한 번 끓일 때 퍼져버리므로 적당한 크기로 찢는다.

1

대파는 0.3cm 두께로 송송 썬다.

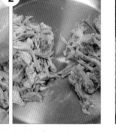

2

삶은 닭 살을 발라 먹기 좋은 크기로 찢는다.

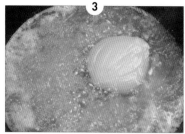

3

닭 육수를 불에 올려 다시 한 번 팔팔 끓인다.

토렴은 24쪽 참고!

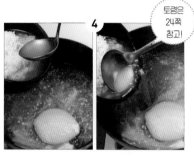

4

뚝배기에 밥을 넣고 국자로 뜨거운 육수를 넣어 토렴한다.

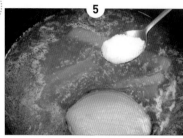

5

육수에 꽃소금을 넣어 간을 맞춘다.

6

토렴으로 따뜻하게 데워진 밥 위에 발라놓은 닭고기 살을 올린다.

7

간을 맞춘 육수를 넣는다.

8

닭고기 위에 대파, 후춧가루를 뿌려서 완성한다.

삶은 닭
활용

닭개장

닭고기 살에 갖은 양념과 신선한 채소를 넣어 끓이면 얼큰한 닭개장이 완성된다.
복잡하고 어렵다고 느껴졌던 닭개장을 집에서도 만들어보자.

재료(4인분)

삶은 닭 (34~35쪽 참조)	불린 당면 2⅔컵 (160g)
밥 4공기 (800g)	간 마늘 2큰술
양파 ½개 (125g)	간 생강 ½큰술
대파 6대 (600g)	굵은 고춧가루 ⅔컵 (약 53g)
부추 1½컵 (약 52g)	국간장 ½컵 (60㎖)
숙주 2컵 (140g)	꽃소금 1큰술
느타리버섯 2타래 (160g)	후춧가루 약간
	참기름 2큰술
	식용유 2큰술

1

삶은 닭은 살을 발라 먹기 좋은 크기로 찢는다.

당면은 미지근한 물에 1시간 정도 담가 불린다.

2

부추는 5cm 길이로 썰고, 느타리버섯은 밑동을 자르고 먹기 좋게 찢는다. 불린 당면을 준비하고, 숙주는 깨끗이 씻어 물기를 뺀다. 양파는 0.4cm 두께로 채 썰고, 대파는 길게 반 갈라 5cm 길이로 썬다.

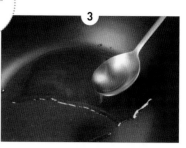

3

냄비에 식용유, 참기름을 넣고 불에 올린다.

참기름, 식용유를 함께 넣고 대파를 볶으면 식감과 풍미가 훨씬 좋아진다.

4

대파를 넣고 숨이 죽을 때까지 충분히 볶는다.

5

굵은 고춧가루를 넣고 잘 섞어가며 볶는다.

6

끓여놓은 육수를 체에 받쳐 넣고 끓인다.

7

국물이 끓어오르면 양파, 느타리버섯을 넣는다.

8

간 마늘, 간 생강, 국간장을 넣고 저어주며 끓인다.

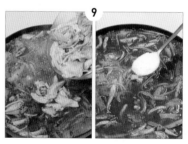

9

숙주, 발라놓은 닭고기 살을 넣은 후 후춧가루, 꽃소금을 넣어 간을 맞춘다.

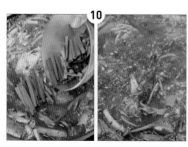

10

부추를 넣고 팔팔 끓인다.

11

당면은 국물에 같이 넣고 끓이는 것이 아니라 따로!

그릇에 밥을 넣고 그 위에 불린 당면을 넣는다.

12

건더기를 푸짐하게 퍼서 올리고 국물을 부어서 완성한다.

시래깃국

시골 장터 느낌 물씬 나는 시래깃국.
소고기와 고추기름으로 맛을 내 칼칼하면서도
진한 국물 맛이 일품이다.

 재료(4인분)

시판용 삶은 시래기 3컵 (270g)
소고기(국거리용) 1½컵 (210g)
대파 1컵 (60g)
청양고추 3개 (30g)
간 마늘 1큰술
굵은 고춧가루 3큰술

국간장 ½컵 (60㎖)
액젓 2큰술
식용유 2큰술
참기름 2큰술
물 8컵 (1,440㎖)

시판용 삶은 시래기는 한 번 삶아서 나온 것이니 주무르지 말고 살살 씻기!

1

시래기는 물에 넣고 풀어주듯 살살 흔들어가며 깨끗하게 헹군다.

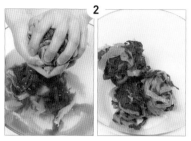

2

깨끗하게 헹군 시래기는 손으로 꾹 짜서 물기를 제거한다.

3

청양고추는 0.3cm 두께로 송송 썰고, 대파는 1cm 두께로 송송 썬다. 시래기는 2cm 두께로 썬다.

4

냄비에 식용유, 참기름을 넣고 불에 올린다.

5

소고기를 넣고 표면이 익을 때까지 볶는다.

6

굵은 고춧가루를 넣고 잘 섞어가며 볶는다.

7

굵은 고춧가루가 기름을 먹어 색이 선명해지면 바로 물 5컵을 넣는다. 이때 빨간색 고추 기름이 떠오르면 제대로 만들어진 것이다.

8

시래기를 넣고 살살 저어준다.

국물이 자박자박한 상태에서 간을 해야 시래기나 고기에 간이 잘 밴다.

9

국간장, 간 마늘을 넣고 끓인다.

소고기가 익는 상태를 확인하며 불의 세기와 시간 조절!

10

소고기가 충분히 익었으면 물 3컵을 넣고 끓인다.

11

액젓을 넣어 간을 맞춘다.

12

대파와 청양고추를 넣고 향이 우러나도록 한소끔 끓여서 완성한다.

무새우젓국

끓이면 끓일수록 더 맛이 깊어지는 무새우젓국은
향토적이면서도 시원한 국물 맛이 일품이다.

 재료(4인분)

무 ½개 (약 360g)	국간장 2큰술
새우젓 1큰술	간 마늘 ½큰술
대파 1컵 (60g)	액젓 2큰술
들기름 3큰술	물 4컵 (720㎖)

무를 돌려가며 썰면 깍둑썰기보다 식감도 좋고 간이 잘 밴다.

대파는 0.5cm 두께로 송송 썰고, 무는 비스듬히 세워 돌려가면서 연필 깎듯이 썬다.

냄비에 들기름을 넣고 불에 올린다.

무가 바닥에 눌러붙으면 물을 살짝 넣기!!

무를 넣고 저어가며 무가 투명해질 때까지 볶는다.

새우젓을 미리 넣어 볶으면 무에 간도 배고 풍미가 좋아진다.

새우젓을 넣고 저어가며 볶는다. 이때 새우젓 특유의 냄새가 사라지고 고소한 냄새가 날 때까지 볶아준다.

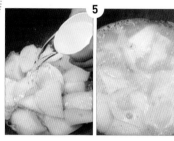

물 2컵을 넣고 조리듯이 끓인다.

간 마늘, 액젓, 국간장을 넣고 조리듯이 끓인다.

이때 추가용 물은 개인의 입맛에 따라 양을 조절한다.

국물이 졸아들면 물 2컵을 넣고 끓인다.

국물이 팔팔 끓어오르면 대파를 넣고 끓여서 완성한다.

Tip

*무를 들기름에 먼저 볶으면 무가 들기름을 흡수해서 국물의 고소함이 극대화된다.

*물은 일단 재료가 잠길 정도로만 적게 넣어 간을 한 후, 조리듯이 끓이면 건더기 속까지 간이 잘 밴다.

*기호에 따라 청양고추를 썰어 넣어도 좋다.

오이미역냉국

여름에 자주 찾게 되는 오이미역냉국.
국물로 간을 맞추는 것이 아니라
미역을 먼저 양념하는 것이 포인트다.

 재료(4인분)

불린 미역 1½컵 (135g)	간 마늘 1큰술
오이 ½개 (110g)	황설탕 2½큰술
양파 ½개 (125g)	액젓 2큰술
청양고추 2개 (20g)	국간장 6큰술
홍고추 1개 (10g)	물 3컵 (540㎖)
양조식초 ½컵 (90㎖)	사각얼음 20개

미역을 삶아서 넣는 것이 아니기 때문에 행궈서 사용해야 비린내가 제거된다.

1

불린 미역을 물에 헹구고 손으로 꼭 짜서 물기를 없앤 후 먹기 좋은 크기로 썬다.

2

식초는 미역의 비린 맛도 잡아주고 채소의 향을 부각시키는 역할도 한다.

오이는 길이 5cm, 두께 0.3cm로 채 썰고, 홍고추는 길이 3cm, 두께 0.3cm로 어슷 썬다. 청양고추는 0.3cm 두께로 송송 썰고, 양파는 0.3cm 두께로 채 썬다.

3

볼에 미역과 식초를 넣고 잘 섞는다.

4

황설탕의 양은 기호에 따라 조절 가능.

간 마늘, 액젓, 황설탕을 넣고 간이 골고루 배도록 섞는다.

5

청양고추, 양파, 오이를 넣고 섞는다.

6

국간장을 넣고 섞은 후 물을 넣는다.

7

홍고추, 얼음을 넣고 다른 재료들과 잘 섞어서 완성한다.

Tip

*미역은 미지근한 물에 15분 정도 불린다.

*미역은 간이 잘 배지 않으므로 미리 양념을 해야 맛있는 냉국을 완성할 수 있다.

*국간장은 3큰술 먼저 넣고 간을 본 후 취향에 따라 3큰술을 추가로 넣는다. 얼음이 녹으면 국물이 싱거워지니 조금 짜게 간을 맞출 것!

청국장찌개

베이스를 만들어놓고 뚝배기에 그때그때 만들어 낼 수 있는 청국장찌개.
멸치와 신김치를 넣고 끓여 더 구수하고 깊은 맛이 난다.

 재료(뚝배기 2개)

시판용 청국장 1팩 (250g)
된장 1큰술
국물용 멸치 1컵 (30g)
신김치 1½컵 (195g)
두부 반 모 1팩 (180g)
양파 ½개 (125g)

대파 1½대 (150g)
(찌개용 1대, 뚝배기용 ½대)
청양고추 2개 (20g)
홍고추 1개 (10g)
간 마늘 ½큰술
물 4컵 (720㎖)

48

1

두부는 사방 1cm의 사각형 모양으로 썬다. 홍고추, 청양고추, 대파는 0.5cm 두께로 송송 썬다. 양파는 가로세로 1.5cm 크기로 썬다.

2

신김치는 볼에 넣고 가위로 먹기 좋게 자른다.

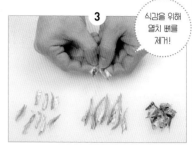

3

식감을 위해 멸치 뼈를 제거!

국물용 멸치는 길게 반으로 갈라 머리와 내장, 뼈를 제거하고 몸통을 4등분한다.

4

청국장은 숟가락을 이용해 으깨둔다.

5

냄비에 물 3컵을 넣고 멸치를 넣은 후 불에 올린다.

6

뚝배기용 대파는 남겨놓기!

양파, 대파, 간 마늘, 신김치를 넣고 끓인다.

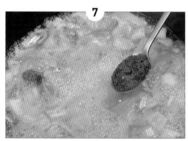

7

국물이 팔팔 끓어오르면 된장을 넣어 간을 맞추고 골고루 풀어주며 끓인다.

8

청국장은 이미 충분히 발효된 상태로 오래 끓일 필요가 없다.

으깨둔 청국장을 넣고 숟가락으로 살살 풀어주며 끓인다.

9

물의 양은 입맛에 따라 조절 가능!

물 1컵을 보충하여 넣고 끓인다.

10

두부를 미리 넣으면 두부가 잘 익고 간도 잘 밴다.

뚝배기에 청국장찌개를 옮겨 담는다.

11

청국장찌개 위에 두부를 반을 먼저 넣고 그 위에 다시 청국장찌개를 넣은 후 대파, 청양고추, 홍고추, 나머지 두부 반을 넣는다.

12

뚝배기를 불에 올려 팔팔 끓여서 완성한다.

돼지갈비고추장찌개

양념돼지갈비의 무한 변신.
구워 먹고 남은 양념돼지갈비가 있다면
고추장찌개로 활용해보자.

 재료(4인분)

양념돼지갈비 1덩어리 (200g)	청양고추 2개 (20g)
고추장 2큰술	홍고추 1개 (10g)
두부 반 모 1팩 (180g)	간 마늘 1큰술
양파 1개 (250g)	굵은 고춧가루 1큰술
대파 1대 (100g)	새우젓 1큰술
표고버섯 2개 (40g)	물 2$\frac{1}{2}$컵 (450㎖)
애호박 $\frac{1}{2}$개 (160g)	

표고버섯은 기둥을 잘라내고 먹기 좋게 8등분한다.

대파, 청양고추, 홍고추는 1cm 두께로 송송 썰고, 두부는 1.5cm 두께의 직사각 모양으로 썬다. 애호박은 길게 반으로 잘라 3등분 후 2cm 두께로 썰고, 양파는 반으로 잘라 8등분한다.

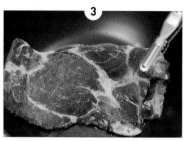

냄비에 양념돼지갈비를 넣고 불에 올려 앞뒤로 굽는다.

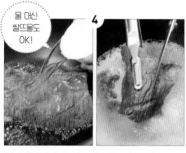

물 대신 쌀뜨물도 OK!

양념돼지갈비가 익으면 물을 넣고 집게와 가위를 이용해 고기를 먹기 좋게 자른다.

고추장을 넣은 후 숟가락으로 풀어주며 끓인다.

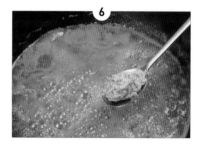

간 마늘, 새우젓을 넣는다.

국물이 팔팔 끓어오르면 양파, 대파, 애호박, 표고버섯을 넣는다.

청양고추, 홍고추를 넣고 끓인다.

두부, 굵은 고춧가루를 넣고 저어가며 끓인다.

채소가 익을 때까지 충분히 끓여서 완성한다.

양념돼지갈비 특유의 냄새가 걱정된다면 오래 끓여 누린내를 날리고 육수를 충분히 낸 후에 채소를 넣고 끓이면 된다.

카레순두부찌개

드라이카레를 활용해 더욱 특별한 카레순두부찌개.
진한 카레향이 부드러운 순두부에 배어 입맛을 돋운다.

재료(4인분)

순두부 1팩 (400g)
드라이카레 2½큰술 (75g)
달걀 1개
대파 ¼대 (25g)
청양고추 1개 (10g)
간 마늘 ⅓큰술
국간장 2큰술
굵은 고춧가루 ½큰술
후춧가루 약간
물 ½컵 (90㎖)

간 돼지고기 : 양파 : 당근 = 2 : 2 : 1

양파와 당근은 잘게 다진다.

간 고기는 열을 가하면 뭉치기 때문에 약불에!

팬을 약불에 올리고 식용유를 넣은 후 간 돼지고기를 넣고 뭉치지 않도록 주걱으로 저어가며 볶는다.

간 돼지고기는 포슬포슬한 느낌이 날 때까지 볶기!

후춧가루를 넣고 저어가며 볶는다.

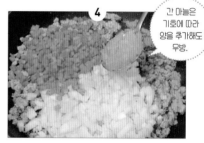

간 마늘은 기호에 따라 양을 추가해도 무방.

강불에서 양파, 당근, 간 마늘을 넣고 재료가 골고루 섞이도록 저어가며 볶는다. 채소에서 나오는 물기가 날아갈 때까지 볶는다.

드라이카레

시판용 카레가루 1봉지 (100g)
간 돼지고기 2컵 (300g)
양파 2컵 (200g)
당근 1컵 (100g)
간 마늘 1큰술
꽃소금 ⅓큰술
후춧가루 ⅓큰술
식용유 ⅓컵 (45㎖)

물기가 남지 않도록 볶는 것이 중요!

꽃소금을 넣고 저어가며 물기가 없어질 때까지 볶는다.

카레가루를 넣고 재료와 골고루 섞이며 뭉치지 않도록 저어가며 볶아서 드라이카레를 완성한다.

Tip
드라이카레는 충분히 식힌 뒤 밀폐용기에 담아 냉장 보관한다. 냉장고에서는 2주 정도 보관이 가능하지만 가급적 빨리 먹는 게 가장 좋다.

7

대파와 청양고추는 반으로 갈라 0.3cm 두께로 송송 썬다. 달걀은 볼에 넣어눈다.

8

뚝배기에 물을 넣고 불에 올린다.

9

드라이카레를 넣고 저어가며 풀어준다.

10

마무리용 대파 남겨놓기!

대파, 간 마늘을 넣는다.

11

국간장을 넣는다.

12

순두부를 넣고 숟가락으로 살살 으깬다.

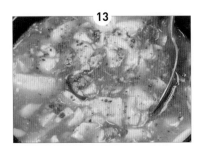

13

굵은 고춧가루를 넣고 저어준다.

14

볼에 넣어둔 달걀을 찌개 가운데에 넣는다.

15

청양고추, 남겨둔 대파를 넣고 저은 후 끓인다.

16

국물이 팔팔 끓어오르면 후춧가루를 뿌려서 완성한다.

Tip

먹기 전에 달걀 노른자를 터뜨려 섞어서 먹는다.

팽이버섯

표고버섯

느타리버섯

양송이버섯

새송이버섯

버섯 손질하는 법

1. 팽이버섯은 밑동이 있는 상태에서 흐르는 물에 씻은 다음 밑동 부분을 자른다.

2. 표고버섯은 흐르는 물에 살짝 씻는다.
   주로 먼지가 쌓이는 갓 안쪽 부분도 씻는다.

3. 느타리버섯은 밑동을 제거하고 흐르는 물에 살짝 씻은 다음
   크기가 큰 것은 손으로 찢는다.

4. 양송이버섯은 흐르는 물에 살짝 씻는다.

5. 새송이버섯은 밑동을 제거하고 지저분해 보이는 곳만
   칼로 잘라낸 다음 흐르는 물에 살짝 씻는다.

얼큰버섯전골

구수하고 칼칼한 국물에 다양한 버섯의 식감을
그대로 느낄 수 있는 버섯전골.
고기를 넣고 끓이면 국물 맛이 진해지고
한층 깊어진다.

양송이버섯 5개 (100g)
표고버섯 3개 (60g)
새송이버섯 2개 (120g)
느타리버섯 2타래 (160g)
팽이버섯 1봉 (150g)
소고기(불고기용) 1컵 (90g)
당근 $\frac{1}{3}$개 (45g)
양파 $\frac{1}{2}$개 (125g)
알배추 2컵 (90g)
대파 $\frac{1}{2}$대 (50g)
된장 $\frac{1}{2}$큰술
고추장 1큰술
굵은 고춧가루 3큰술
국간장 $\frac{1}{5}$컵 (36㎖)
황설탕 1큰술
간마늘 1큰술
물 2컵 (360㎖)

육수

진간장 $\frac{1}{5}$컵 (36㎖)
물 2컵 (360㎖)

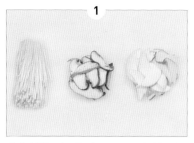
1

팽이버섯은 밑동을 자르고, 표고버섯은 기둥을 떼어내고 0.4cm 두께로 썬다. 새송이버섯은 반으로 잘라 0.3cm 두께로 어슷 썬다.

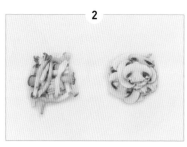
2

느타리버섯은 밑동을 자르고 손으로 잘게 찢고, 양송이버섯은 0.3cm 두께로 썬다.

3

당근은 가로 1.5cm, 세로 5cm, 두께 0.3cm의 직사각 모양으로 썬다. 대파는 반으로 갈라 5cm 길이로 썰고, 알배추는 반으로 잘라 1.5cm 두께로 썬다.

4

양파는 반으로 잘라 0.3cm 두께로 채 썰고, 소고기는 한입 크기로 썬다.

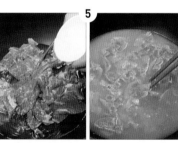
5

전골용 냄비에 소고기와 물을 넣고 불에 올린 후 소고기가 뭉치지 않도록 살살 풀어준다.

6

된장이 버섯과 고기의 맛을 잘 어우러지게 함.

국간장, 간 마늘, 굵은 고춧가루, 황설탕, 고추장, 된장을 넣고 뭉치지 않도록 저어주며 끓인다.

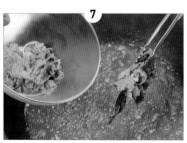
7

양념된 소고기를 건져낸다.

Tip

전골은 끓여 먹으면서 중간에 재료를 추가하는 요리이므로 모든 재료들을 처음 한 번에 다 넣을 필요는 없다.

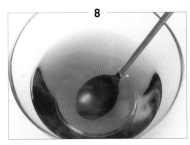

볼에 물과 진간장을 넣고 섞어서 전골 육수를 만든다.

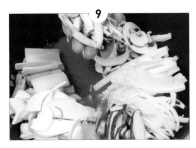

⑦에 고기를 제외한 재료들을 색감과 모양을 살려서 돌려 남는다.

건져놓은 고기를 중앙에 올린 후 끓인다.

어느 정도 끓어 재료에서 물이 올라오면 재료들을 섞어준다.

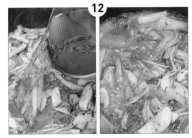

만들어둔 육수를 넣고 팔팔 끓여서 완성한다.

육수의 양은 입맛에 따라!
처음부터 육수 양을 많이 잡으면 재료들이 떠올라 모양을 잡을 수 없으므로 재료를 담은 후에 육수를 보충하는 것이 좋다.

버섯전골을 제대로 즐기려면 재료가 섞이기 전에 각각의 버섯이 담긴 쪽의 국물을 맛보고 버섯 특유의 향과 맛을 느끼는 것이 좋다.

기호에 따라 우동면을 재료 아래에 밀어 넣고 끓여도 좋다. 버섯과 우동면을 먼저 건져 먹고 남은 재료와 육수를 추가로 더 넣어 먹는다.

버섯전골볶음밥

다 먹고 남은 재료들을 가위로 잘게 자른 후 밥을 넣고 넓게 펴준다. 밥 위에 달걀을 넣고 주걱으로 섞어가며 볶다가 참기름, 조미김가루를 넣고 섞는다. 밥을 주걱으로 눌러 볶음밥을 완성한다.

중국식 달걀탕

부드럽고 시원한 맛을 내는 달걀탕은
고급 코스요리에 나올 것 같은 비주얼이지만
냉장고 속 재료로 쉽게 만들 수 있다.

 재료 (2그릇)

달걀 3개
햄 6장 (90g)
맛살 2줄 (60g)
표고버섯 2개 (40g)
새송이버섯 ½개 (30g)
당근 ⅛컵 (20g)
양파 ½개 (125g)
대파 ½대 (50g)

굴소스 2큰술
진간장 2큰술
꽃소금 ½큰술
후춧가루 약간
참기름 1½큰술
식용유 3큰술
물 3컵 (540㎖)

 전분물

감자전분 ½큰술
물 1큰술

햄은 0.4cm 두께로 편으로 썬 후 0.3cm 두께로 채 썰고, 맛살은 반으로 자른 후 결대로 길게 찢는다.

표고버섯은 모양을 살려 0.3cm 두께로 채 썰고, 새송이버섯은 0.5cm 두께로 편으로 썬 후 5cm 길이로 채 썬다. 대파는 길이 3cm, 두께 0.3cm로 어슷 썬다. 양파는 0.3cm 두께로 채 썰고, 당근은 길이 5cm, 두께 0.3cm로 채 썬다.

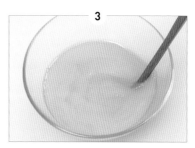

볼에 달걀을 넣고 풀어둔다.

냄비에 식용유를 넣고 불에 올린 후 대파를 넣고 강불에서 볶아 파기름을 낸다.

파기름이 나오면 햄을 넣고 저어가며 볶는다.

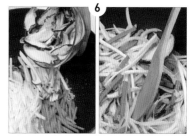

대파와 햄이 노릇하게 볶아지면 양파, 당근, 새송이버섯, 표고버섯을 넣고 저어가며 볶는다.

진간장과 굴소스를 넣고 재료를 잘 섞어가며 볶는다.

물 3컵을 넣고 꽃소금으로 간을 맞춘 후, 국물이 팔팔 끓어오르면 맛살을 넣고 끓인다.

전분 : 물 = 1 : 2

작은 볼에 감자전분과 물 1큰술을 넣고 잘 섞어서 전분물을 만든다.

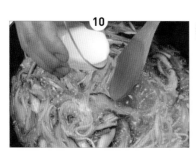

전분물을 조금씩 넣고 농도를 보면서 섞는다. 이때 천천히 저으면서 전분물을 넣어야 뭉치지 않는다.

불을 끄지 않고 계속 끓이면 달걀이 뭉칠 수 있으므로 바로 불을 꺼야 한다.

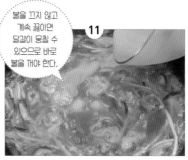

풀어둔 달걀을 빙 둘러 넣고 불을 끈 후 섞는다.

먹기 전에 잘 섞어서 먹는다!

그릇에 옮겨 담고 후춧가루, 참기름을 넣어서 완성한다.

입맛 책임지는
매일반찬

균형 맞는 반찬으로 영양 가득한 상을 차린다

반찬 걱정 덜어주는 실속 메뉴 21가지.

힘의 원천인 고기반찬에서 밥도둑이 따로 없는 생선반찬,

만들기도 쉽고 맛도 좋아 식탁에 자주 오르내리는 채소반찬,

어렵게만 느껴졌던 김치까지 차근차근 배우다 보면

반찬 걱정도 덜고 무엇보다 균형 맞는 식사를 준비할 수 있다.

액젓 소불고기

집에서 손쉽게 만들어 먹을 수 있는 불고기 메뉴다.
재울 필요 없이 바로 구워 먹을 수 있어 손님 초대 요리로도 손색이 없다.

 재료(4인분)

소고기(불고기용) 500g
대파 1대 (100g)
양파 $\frac{1}{2}$개 (125g)
간 마늘 2큰술
황설탕 4큰술
액젓 4큰술
참기름 2큰술

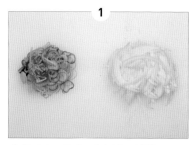

1

대파는 0.3cm 두께로 송송 썰고, 양파는 0.3cm 두께로 채 썬다.

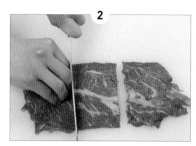

2

소고기는 6~8cm 길이로 썬다.

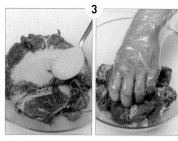

3

황설탕을 넣고 간이 잘 배도록 손으로 주물러 양념한다.

4

대파, 간 마늘을 넣고 골고루 주물러 양념한다.

모든 액젓 사용 OK! 기호에 따라 양을 조절한다.

5

액젓을 넣고 주물러 양념한다.

6

참기름을 넣고 주물러 양념한다.

7

양념한 소불고기에 양파를 넣고 가볍게 버무린다.

8

넓은 팬을 불에 올려 달군 후 소불고기를 넣는다.

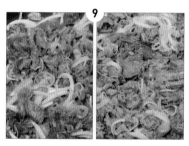

9

젓가락으로 살살 풀어주며 볶아서 완성한다.

액젓은 생선을 오래 숙성시켜 만들어서 감칠맛이 탁월하다. 꽃소금이나 간장 대신 양념으로 사용하기 좋다. 액젓을 넣으면 간이 빨리 배고, 열을 가하면 특유의 비린 맛이 날아간다.

오삼불고기

오징어만 양념해서 삼겹살과 함께
구워 먹는 새로운 스타일의 오삼불고기.
잘 익은 삼겹살에 탱글탱글한
오징어의 식감이 살아 있어 더욱 맛있다.

재료(4인분)

오징어 2마리 (600g)
냉동 삼겹살 5줄 (290g)
대파 1컵 (60g)
양파 1개 (250g)
통마늘 20개 (100g)
간 마늘 1큰술
굵은 고춧가루 ½컵 (40g)
황설탕 3큰술
진간장 ½컵 (60㎖)
맛술 ½컵 (60㎖)
액젓 3큰술
깨소금 1큰술
참기름 2큰술

1

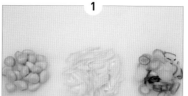

통마늘은 꼭지를 잘라낸다. 양파는 반으로 잘라 0.3cm 두께로 채 썰고, 대파는 0.5cm 두께로 송송 썬다.

2

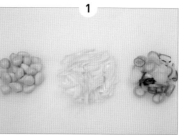

오징어 몸통은 깨끗하게 씻고 다리의 빨판은 하나씩 쭉쭉 훑어서 이물질을 제거한다.

3

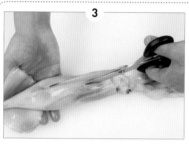

가위로 오징어 몸통 뒷면 가운데를 끝까지 가른다.

4

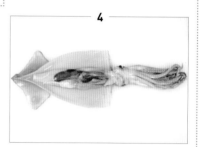

내장이 위로 올라오도록 몸통을 펼친다.

5

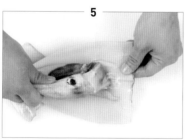

한 손으로 몸통 끝부분을 잡고 다른 손으로 내장을 잡아 쭉 잡아당겨 떼낸다.

6

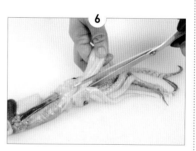

오징어의 눈이 안 보이게 뒤집은 후 다리의 중앙을 가위로 가른다.

7

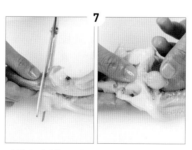

가위로 내장을 분리하고 눈은 떼서 버린다.

8

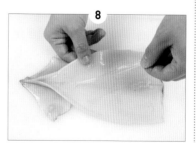

몸통 중앙을 만져봐서 뼈가 남아 있으면 제거한다.

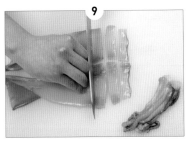

9

손질한 오징어의 몸통은 반으로 갈라 2cm 두께로 큼직하게 썬다.

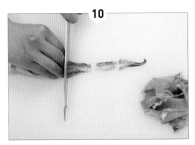

10

짧은 다리는 그대로 사용하고 긴 다리는 먹기 좋게 자른다.

11

오징어를 볶으면 크기가 줄어들기 때문에 큼직하게 썰어야 한다.

다리와 몸통 연결 부분을 잘라 3~4등분한다.

12

볼에 오징어를 넣고 황설탕을 넣은 후 간이 잘 배도록 손으로 주물러 양념한다.

13

양파는 식감이 아닌 조미료 역할을 한다. 양파를 갈아 넣어도 OK!

양파를 넣고 양파즙이 나올 정도로 힘차게 주물러 양념한다.

14

좀 더 얼큰한 맛을 원한다면 굵은 고춧가루 추가!

간 마늘, 맛술, 굵은 고춧가루, 대파를 넣고 재료가 잘 섞이도록 주물러 양념한다.

Tip

*껍질을 벗기고 조리할 경우에는 키친타월로 몸통 부분의 끝을 잡고 살살 잡아당겨 벗겨낸다. 지느러미의 껍질도 같은 방법으로 제거한다.

*오징어뿐만 아니라 돼지고기나 소고기를 양념할 때도 단맛부터 간을 하는 것이 좋다.

15

액젓, 진간장, 참기름, 깨소금을 넣고 주물러 골고루 섞는다.

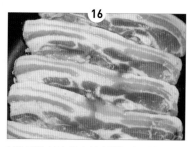

16

넓은 팬을 불에 올려 삼겹살을 넣고 한쪽 면을 충분히 익힌다.

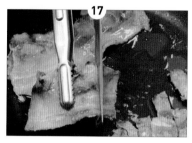

17

삼겹살을 뒤집어 반대편도 노릇노릇하게 구운 후 3~4cm 길이로 자른다.

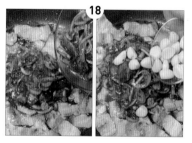

18

양념해놓은 오징어와 통마늘을 넣는다.

삼겹살과 오징어를 함께 양념한 상태에서 구울 때는 삼겹살이 잘 익었는지 확인하기가 힘들지만 삼겹살을 구워놓고 오징어를 따로 익히면 걱정 없이 먹을 수 있다.

19

오징어와 삼겹살을 함께 섞으며 익혀서 완성한다.

바싹돼지불고기

국물 없는 스타일의 달콤 짭조름한 간장양념 돼지불고기.
기본양념만 알면 다양하게 즐길 수 있다.

 재료 (4인분)

돼지고기(불고기용) 500g
대파 $\frac{1}{2}$컵 (30g)
간 배 $\frac{1}{2}$컵 (90㎖)
간 마늘 1큰술
간 생강 $\frac{1}{10}$큰술
진간장 2$\frac{1}{2}$큰술

황설탕 1$\frac{1}{2}$큰술
맛술 2$\frac{1}{2}$큰술
참기름 1$\frac{1}{2}$큰술
후춧가루 약간
물 $\frac{5}{8}$컵 (120㎖)

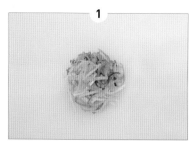

1

대파는 반으로 갈라 0.3cm 두께로 송송 썬다.

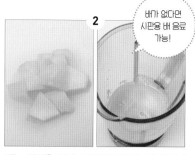

2

배가 없다면 시판용 배 음료 가능!

배는 껍질을 벗겨 큼직하게 썬 후 믹서에 넣고 곱게 간다.

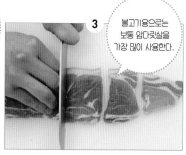

3

불고기용으로는 보통 앞다릿살을 가장 많이 사용한다.

돼지고기는 6~8cm 길이로 썬다.

4

큰 볼에 돼지고기를 한 장씩 떼어서 놓는다.

5

생강은 누린내를 제거하고 톡 쏘는 맛을 낸다.

새로운 볼에 진간장, 맛술, 황설탕, 간 마늘, 간 생강을 넣고 잘 섞는다.

6

대파, 참기름, 후춧가루, 간 배를 넣고 섞어서 양념장을 완성한다.

7

떼어놓은 돼지고기에 양념장을 넣고, 양념장이 돼지고기에 골고루 배도록 손으로 세게 주물러준다.

8

넓은 팬을 불에 올려 양념한 돼지고기를 넣고, 물을 넣는다.

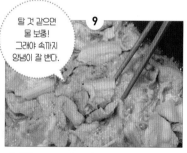

9

탈 것 같으면 물 보충! 그래야 속까지 양념이 잘 밴다.

젓가락으로 고기를 살살 풀어주며 조리듯이 굽는다.

10

상추, 깻잎 등 쌈 채소와 함께 먹으면 맛있다.

물기가 날아가면서 고기에 양념이 배고 고기가 잘 익으면 불을 꺼서 완성한다.

Tip

고추장돼지불고기 만들기

⑦에서 양파, 대파, 청양고추, 고추장, 고운 고춧가루를 넣고 손으로 주물러주면 고추장돼지불고기가 된다. 단, 고추장은 맛과 향만 날 정도로 넣는다. 먹음직스러운 붉은색을 내려면 고운 고춧가루를 사용하는 것이 좋다.

닭날개조림

닭날개에서 나온 육수가 간장양념과 어우러져 쫀득한 닭날개조림.
청양고추를 빼면 아이들 반찬으로도 그만이다.

 재료(4인분)

닭날개 1kg
대파 1대 (100g)
청양고추 5개 (50g)
생강 7조각 (30g)
통깨 약간
황설탕 $\frac{1}{2}$컵 (70g)
진간장 $\frac{1}{2}$컵 (90㎖)
맛술 $\frac{1}{2}$컵 (90㎖)
물 1컵 (180㎖)

1

닭날개는 흐르는 물에 깨끗이 씻은 후 체에 받쳐 물기를 뺀다.

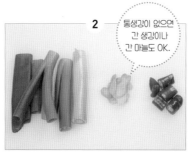

2 통생강이 없으면 간 생강이나 간 마늘도 OK.

대파는 13cm 길이로 큼직하게 썰고, 생강은 0.4cm 두께로 썬다. 청양고추는 2cm 두께로 썬다.

3

냄비에 닭날개를 넣고 불에 올린다.

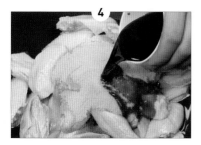

4

물, 맛술, 황설탕, 진간장을 넣는다.

5

대파, 생강을 넣고 잘 섞은 후 끓인다.

6

끓기 시작하면 약불에서 닭날개에 양념이 잘 밸 때까지 조린다.

7

국물이 걸쭉해지면 대파와 생강은 건져낸다.

8 청양고추는 국물이 적당히 남았을 때 넣어야 양념이 밴다.

청양고추를 넣고 버무리듯이 섞는다.

9

강불에서 국물이 거의 없어지고 눌어붙기 직전까지 조린다. 바짝 조리지 않으면 불에서 내린 후 바로 물이 생기므로 주의한다.

10

국물이 없어지고 윤기가 나면 불을 끄고 접시에 옮겨 담아 통깨를 뿌려서 완성한다.

Tip

닭날개를 냉동된 상태로 구입했을 경우에는 무조건 냉장고에서 끝까지 자연 해동시킨 후 사용해야 잡내가 나지 않는다. 냉장고에서 자연 해동되면서 육즙과 함께 잡내가 빠지므로 반드시 이 과정을 거치는 것이 좋다. 자연 해동한 닭날개는 물에 한 시간 정도 담가둔 후 뜨거운 물에 한 번 데쳐서 사용하면 잡내 걱정을 없앨 수 있다.

굴비조림

시골 느낌 물씬 나는 밥도둑 굴비조림.
냉동실 깊숙한 곳에 들어 있는 굴비를 꺼내 초간단 굴비조림을 만들어보자.

 재료(4인분)

말린 굴비 6마리
대파 2대 (200g)
청양고추 2개 (20g)
간 마늘 1큰술

굵은 고춧가루 $\frac{1}{2}$큰술
새우젓 1큰술
들기름 3큰술
물 3컵 (540㎖)

1

대파는 3cm 길이로 썰고 청양고추는 0.3cm 두께로 송송 썬다.

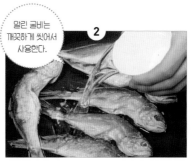

2

말린 굴비는 깨끗하게 씻어서 사용한다.

냄비에 굴비를 넣고 굴비가 잠길 정도로 물 2컵을 넣고 불에 올린다.

3

대파, 청양고추를 넣는다.

4

굵은 고춧가루, 간 마늘, 새우젓을 넣는다.

5

들기름을 넣고 저어주며 골고루 섞는다.

6

뚜껑을 연 상태에서 조려야 비린내가 날아간다.

국물이 거의 졸아들고 굴비 살이 부드럽게 뜯어질 때까지 10~15분 정도 뚜껑을 열고 조린다.

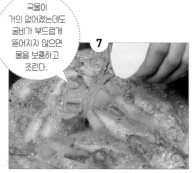

7

국물이 거의 없어졌는데도 굴비가 부드럽게 뜯어지지 않으면 물을 보충하고 조린다.

물 1컵을 보충해서 더 조린다.

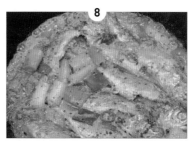

8

국물이 거의 남지 않았을 때 불을 꺼서 완성한다.

꽁치시래기조림

가시에 대한 걱정도 줄이고 국물까지 양념으로 활용할 수 있는
국민 식재료 꽁치통조림으로 꽁치시래기조림을 쉽게 만들 수 있다.

 재료 (4인분)

시판용 삶은 시래기 2컵 (180g)	간 마늘 1큰술
꽁치통조림 1캔 (400g)	간 생강 ⅓큰술
대파 1½대 (150g)	굵은 고춧가루 2큰술
쪽파 1대 (10g)	황설탕 ⅓큰술
청양고추 3개 (30g)	진간장 3큰술
된장 1큰술	참기름 2큰술
고추장 1큰술	물 통조림 1캔 양 (420㎖)

1

시판용 시래기는 삶아서 나온 것이니 세게 씻지 않는다.

시래기는 물에 넣고 풀어주듯 살살 흔들어가며 깨끗하게 헹군 후 손으로 꾹 짜서 물기를 제거한다.

2

대파는 0.7cm 두께로, 청양고추는 0.5cm 두께로 송송 썬다. 쪽파는 0.4cm 두께로 송송 썰고, 시래기는 5cm 길이로 썬다.

3

냄비에 시래기를 펼쳐 넣고 그 위에 꽁치를 넣는다.

4

볼에 꽁치통조림 국물, 간 마늘, 굵은 고춧가루를 넣는다.

5

간 생강은 없으면 생략 가능.

진간장, 황설탕, 간 생강, 고추장, 된장을 넣는다.

6

매운 것이 싫으면 풋고추로 대체 가능.

대파, 청양고추, 참기름을 넣은 후 잘 섞어서 양념장을 완성한다.

7

시래기와 꽁치 위에 양념장을 골고루 넣는다.

8

양념장을 담았던 볼에 물을 넣고 남은 양념을 헹궈 같이 넣는다. 물은 통조림 1캔 분량!

빈 꽁치통조림 캔에 물을 넣은 후 시래기, 꽁치가 잠길 정도로 넣는다.

9

냄비를 불에 올려 끓인다.

10

계속 강불로 조리면 시래기에 간이 배기 전에 물이 날아갈 수 있음!

국물이 팔팔 끓어오르면 약불에서 15분 정도 조린다.

11

잘 조려지면 불을 끄고 그릇에 시래기를 먼저 펼치듯 담고, 그 위에 꽁치를 올린 후 남은 양념을 넣는다.

12

쪽파를 뿌려서 완성한다.

77

코다리조림

오래 끓일수록 더 진해지고 맛있는 코다리조림.
코다리 고유의 쓴맛을 잡는 것이 포인트다.

 재료(4인분)

코다리 2마리 (440g)	간 마늘 1큰술
대파 2대 (200g)	간 생강 ½큰술
청양고추 3개 (30g)	황설탕 2큰술
홍고추 1개 (10g)	진간장 ½컵 (90㎖)
양파 ½개 (125g)	액젓 2큰술
무 ½개 (약 667g)	조청 2큰술
고추장 1큰술	물 3컵 (540㎖)
굵은 고춧가루 2큰술	

코다리는 솔로 이물질을 살살 털어낸 후 흐르는 물에 깨끗이 씻는다. 내장이 있던 배 부분은 쓴맛이 강하므로 손으로 문질러 닦거나 솔로 닦는다.

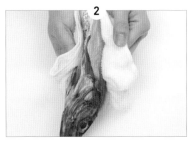

물기를 탈탈 털어내고 마른행주를 이용해 나머지 물기를 닦는다.

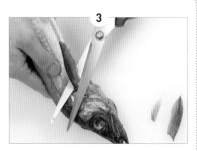

아가미 옆 양쪽 지느러미와 꼬리를 가위로 자른다. 배나 등에 붙은 지느러미도 가위로 자른다.

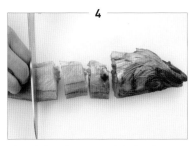

칼로 먹기 좋게 5~6등분하여 자른다.

홍고추는 길이 3cm, 두께 1cm로 어슷 썰고, 청양고추는 3등분한다. 대파는 4cm 길이로 썰고, 양파는 1cm 두께로 채 썬다. 무는 5cm 길이로 자른 후 반 잘라 크기 5×4cm, 두께 1cm의 직사각 모양으로 썬다.

무를 냄비 바닥 전체에 깔고 그 위에 코다리를 넣는다.

양파, 청양고추, 대파를 넣는다.

진간장, 간 마늘, 황설탕, 액젓을 넣고, 굵은 고춧가루, 고추장, 간 생강, 조청을 넣는다.

물을 넣고 불에 올려 끓인다.

코다리가 많이 건조한 상태라면 중간에 물을 더 보충해서 조린다.

끓기 시작하면 재료를 뒤집어주고 무가 익을 때까지 조린다.

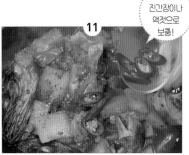

간은 진간장이나 액젓으로 보충!

중간에 맛을 보고 간이 부족하면 맞춘 후 홍고추를 넣는다.

양념과 코다리에서 나오는 맛이 잘 어우러지도록 오래 끓이는 것이 중요하다.

코다리에 양념이 충분히 배고 국물이 졸아들 때까지 끓여서 완성한다.

북어채볶음

간장양념 옷을 입고 노릇해진 북어채와 아삭한 꽈리고추가 만나
강정 같은 비주얼을 자랑하는 북어채볶음을 만들어보자.

 재료(4인분)

북어채 2컵 (50g)
꽈리고추 12개 (72g)
대파 1½대 (150g)
간 마늘 ½큰술
굴소스 1큰술
진간장 2큰술
황설탕 1큰술
식용유 3큰술

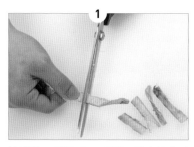

1

북어채는 가위로 3cm 길이로 먹기 좋게 자른다.

2

대파는 1.5cm 두께로 썰고, 꽈리고추는 2cm 두께로 썬다.

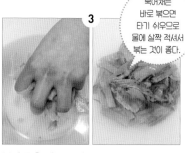

3

북어채는 바로 볶으면 타기 쉬우므로 물에 살짝 적셔서 볶는 것이 좋다.

볼에 물을 넣고 북어채를 넣어 잠깐 적신 후 바로 손으로 물기를 짠다. 이때 너무 오래 담그면 북어채가 물기를 흡수하게 되니 주의한다.

4

작은 볼에 굴소스, 진간장을 넣고 섞어서 간장양념장을 만든다.

5

팬에 식용유를 넣고 대파, 간 마늘을 넣은 후 불에 올려 강불에서 대파가 노릇노릇하게 익을 때까지 볶아 파기름을 낸다.

6

파기름에 북어채를 넣고 북어채가 노릇노릇하게 익으면서 모양이 쪼그라들 때까지 저어가며 볶는다.

7

북어채 겉면에 황설탕이 코팅되어 북어채가 양념을 너무 많이 빨아들이지 않고 양념을 살짝 겉돌게 만든다.

황설탕을 넣고 윤기가 날 때까지 저어가며 볶는다.

8

꽈리고추를 넣고 북어채에 꽈리고추 향이 배고 노릇노릇해질 때까지 저어가며 볶는다.

9

간장양념장을 넣고 빠르게 저어가며 섞어서 완성한다.

Tip

북어채는 흡수력이 좋기 때문에 양념을 각각 넣으면 바로 흡수해 양념이 고루 섞이지 않는다. 양념을 미리 섞어두고 북어채에 한 번에 넣고 빨리 볶아줘야 양념이 고루 배고 간이 맞는다.

콩나물전

아삭아삭한 콩나물을 바삭하게 부쳐낸 콩나물전.
냉장고 속에 애매하게 남아버린 콩나물 한 주먹이 깜짝 반찬으로 거듭난다.

 재료(2인분)

콩나물 1½컵 (105g)
청양고추 2개 (20g)
부침가루 1큰술
간 마늘 ½큰술

새우젓 ½큰술
식용유 2큰술
물 ¼컵 (45㎖)

콩나물은 깨끗이 씻어 체에 밭쳐 물기를 뺀다.

청양고추는 0.3cm 두께로 송송 썬다.

볼에 콩나물, 간 마늘, 새우젓, 청양고추, 물, 부침가루를 넣는다.

재료가 잘 섞이도록 손으로 버무린다.

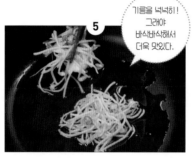

기름을 넉넉히! 그래야 바삭바삭해서 더욱 맛있다.

팬을 불에 올리고 식용유를 넣은 후 콩나물 반죽을 작고 동그랗게 타래를 지어 팬에 올린다.

콩나물 타래 반죽이 타지 않도록 약불로 줄인 후 노릇노릇하게 구워지면 뒤집개와 젓가락을 이용해 뒤집는다.

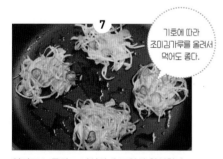

기호에 따라 조미김가루를 올려서 먹어도 좋다.

앞뒤로 노릇하고 바삭하게 구워서 완성한다.

*물은 부침가루와 콩나물이 잘 버무려질 정도로만 넣어야 한다. 부침가루가 없을 경우에는 밀가루를 넣어도 되지만 밀가루는 간이 되어 있지 않으므로 꽃소금과 새우젓을 조금 더 넣어 간을 맞추는 것이 좋다.

*콩나물전을 크게 부치면 가운데 부분은 촉촉하고 쫀득한 식감이 나므로 바삭한 식감을 원한다면 작게 부치는 것이 좋다.

시금치 달걀볶음

달걀을 먼저 볶은 후 시금치와 함께 다시 볶아
각각의 풍미가 살아 있는 중국식 달걀볶음을 만들어보자.

 재료(4인분)

시금치 1½컵 (60g)
달걀 5개
대파(흰 부분) 1대 (60g)
황설탕 ½큰술

꽃소금 ⅓큰술 + 약간
(달걀볶음용 ⅓큰술, 파기름용 약간)
식용유 ⅕컵 (36㎖) + 3큰술
(달걀볶음용 ⅕컵, 파기름용 3큰술)

시금치 다듬을 시간이 없다면 최대한 뿌리 쪽으로 가깝게 잘라서 사용한다.

1 시금치는 뿌리 부분을 칼로 살살 긁어 흙을 털어낸다.

2 시금치를 흐르는 물에 깨끗이 씻어 체에 밭쳐 물기를 뺀다.

3 대파는 0.3cm 두께로 송송 썰고, 시금치는 1cm 길이로 썬다.

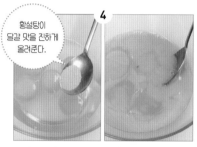

황설탕이 달걀 맛을 진하게 올려준다.

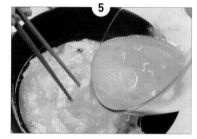

4 볼에 달걀을 넣고 꽃소금 ⅓큰술, 황설탕을 넣은 후 재료가 잘 섞일 정도로 풀어준다.

5 팬에 식용유 ⅓컵을 넣고 불에 올려 달군 후 연기가 살짝 올라오면 달걀물을 조금씩 넣고 젓가락으로 빠르게 저으며 익힌다.

6 불을 끄고 잘 볶아진 달걀볶음을 접시에 옮겨 담아둔다.

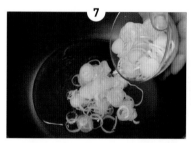

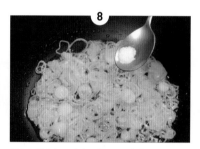

7 팬에 대파, 식용유 3큰술을 넣고 불에 올려 강불에서 볶는다.

8 꽃소금을 넣고 파가 노릇노릇해지기 직전까지 볶아 파기름을 낸다.

9 시금치를 넣은 후 저어가며 살짝 볶는다.

기호에 따라 마지막에 참기름을 둘러도 OK!

10 접시에 담아둔 달걀볶음을 넣고 재료를 섞어가며 볶아서 완성한다.

스크램블은 부드럽게 먹는 음식이라 달걀물을 한 번에 붓고 빠르게 익히지만, 달걀볶음은 쫄깃한 식감을 살리기 위해 달걀물을 조금씩 붓고 저어가며 익힌다.

소시지채소볶음

어른들 술안주로, 아이들 반찬으로 딱 좋은 소시지채소볶음.
육즙을 가득 품고 있는 소시지는 특유의 고소한 맛을 내고
채소는 푹 무르지 않고 살아 있어 더욱 맛있다.

 재료(4인분)

비엔나소시지 1½컵 (약 176g)
소시지 1줄 (74g)
양파 1개 (250g)
당근 ⅕개 (45g)
새송이버섯 1개 (60g)
양송이버섯 2개 (40g)

노랑 파프리카 ½개 (70g)
주황 파프리카 ½개 (70g)
빨강 파프리카 ½개 (70g)
대파 1대 (100g)
통마늘 13개 (65g)
후춧가루 약간
식용유 3큰술

 데미그라스소스

밀가루 1큰술
토마토케첩 3큰술
황설탕 1½큰술
진간장 3큰술
식초 1큰술
식용유 1½큰술
물 ⅗컵 (120㎖)

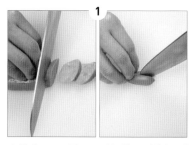

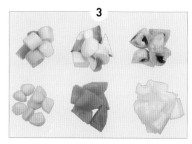

1 소시지는 1cm 폭으로 어슷 썰고 비엔나소시지는 원하는 모양의 칼집을 넣는다.

2 파프리카는 꼭지와 씨를 제거한 후 가로세로 2cm 크기로 썬다.

3 대파는 2.5cm 길이로, 새송이버섯, 당근은 소시지 크기에 맞춰 삼각형으로 썬다. 양송이버섯은 4등분한다. 통마늘은 꼭지를 자르고, 양파는 반으로 잘라 가로 2.5cm, 세로 3cm로 6등분한다.

데미그라스소스 만들기

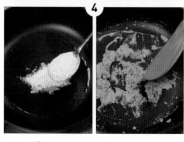
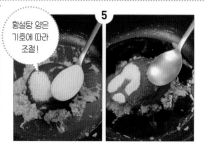

황설탕 양은 기호에 따라 조절!

4 팬에 식용유, 밀가루를 넣은 후 불에 올려 중불에서 주걱으로 저어가며 짙은 갈색이 될 때까지 충분히 볶는다.

5 토마토케첩, 황설탕, 진간장, 식초를 넣고 섞으며 볶는다.

6 물을 넣고 걸쭉한 상태가 될 때까지 풀어주며 끓여서 데미그라스소스를 완성한다.

소시지는 중불에서 오래 익혀야 지방이 나와 더욱 맛있어진다.

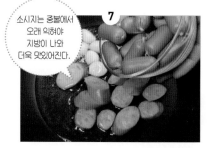

7 큰 팬에 식용유를 넣고 불에 올려 통마늘, 소시지, 비엔나소시지를 넣고 중불에서 볶는다.

8 소시지에 넣은 칼집이 벌어질 정도로 충분히 볶아지면 양파, 당근을 넣고 볶는다.

9 대파, 파프리카, 버섯을 넣고 강불에서 섞으며 볶는다.

간이 안 맞으면 토마토케첩, 진간장을 넣어 맞춘다.

10 데미그라스소스를 넣고 재료와 잘 섞으며 볶는다.

11 후춧가루를 넣어서 완성한다.

비엔나소시지는 한쪽 끝에 십자를 넣어서 문어 모양을 내거나, 일정한 간격으로 세로로 칼집을 넣거나 어슷하게 칼집을 넣는 등 원하는 모양대로 칼집을 넣는다. 소시지에 칼집을 넣으면 양념이 잘 밴다.

베이컨팽이버섯볶음

아삭한 식감의 팽이버섯과 고소한 베이컨,
버터와 베이컨의 느끼함을 잡아주는 마늘이 어우러져
근사한 요리가 완성된다.

 재료 (2인분)

팽이버섯 1봉 (150g)
베이컨 4줄 (64g)
통마늘 5개 (25g)
버터 27g
꽃소금 약간
후춧가루 약간

1

팽이버섯은 밑동이 있는 상태로 흐르는 물에 씻은 후 밑동을 가위로 자른다.

2

통마늘은 0.3cm 두께로 편 썰고, 베이컨은 0.8cm 두께로 썬다.

3

팬에 버터를 넣고 불에 올린 후 베이컨, 마늘을 넣고 섞으며 볶는다.

마늘이 충분히 볶아져야 매운맛이 날아가고 고소한 맛을 낸다.

4

꽃소금을 넣고 마늘이 노릇노릇해질 때까지 충분히 볶는다.

5

팽이버섯을 넣은 후 버섯이 숨이 죽고 물기가 생길 때까지 저어가며 볶는다.

6

후춧가루를 넣고 볶는다.

7

재료가 잘 볶아졌으면 그릇에 팽이버섯부터 쌓듯이 옮겨 담고 그 위에 베이컨, 마늘을 보기 좋게 올려서 완성한다.

일본식 감자조림

포슬포슬 부드러운 감자에 소고기와 가다랑어포를 넣어
일본식 풍미가 나는 감자조림을 만들어보자.

 재료(4인분)

감자 4개 (800g)
소고기(불고기용) 90g
당근 ½개 (135g)
양파 1개 (250g)
가다랑어포 ⅔컵 (4g)

황설탕 ½컵 (70g)
진간장 ½컵 (90㎖)
맛술 ½컵 (60㎖)
물 2컵 (360㎖)

조리 도구: 뚜껑이 있는 냄비

신선한 고기를 사용한다면, 감자를 조금 더 작게 썰어서 조리 시간을 줄여도 된다.

1

감자는 껍질을 벗겨 4등분한다.

2

소고기는 2cm 두께로 썰고, 양파는 반으로 잘라 2cm 두께로 썬다. 당근은 4등분해서 1cm 두께의 은행잎 모양으로 썬다.

3

냄비에 진간장, 맛술, 물, 황설탕을 넣고 불에 올린다.

4

감자, 소고기를 넣은 후 황설탕이 녹을 때까지 저어가며 끓인다.

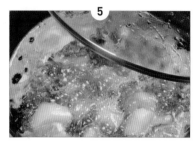

5

국물이 팔팔 끓어오르면 뚜껑을 닫고 약불에서 20분 정도 조린다.

각 집마다 불의 세기가 다르니 중간중간 뚜껑을 열어 감자 익는 상태를 체크!

6

뚜껑을 열고 양파, 당근을 넣고 섞은 후 다시 뚜껑을 닫고 20분 정도 조린다. 이때 간이 좀 짜다면 물을 보충하는데 당근과 양파에서도 수분이 나오므로 그 양을 고려해서 넣는다.

7

충분히 조려졌으면 뚜껑을 열고 불을 끈 후 가다랑어포를 넣어서 완성한다.

양파와 당근처럼 크기를 작게 썰거나 쉽게 무르는 것은 처음부터 넣어서 조리하기보다는 시간 간격을 두고 넣는 것이 좋다.

단호박조림

단호박을 전자레인지에 돌려 조리하기 쉽게 만든 후
물과 설탕을 넣고 조리면 끝.
단호박에서 나온 물과 양념이 어우러져
감칠맛 나는 단맛을 낸다.

 재료 (4인분)

단호박 1개 (900g)
말린 대추 2개 (16g)
황설탕 1컵 (140g)
물 1컵 (180㎖)

조리 도구: 뚜껑이 있는 넓은 냄비

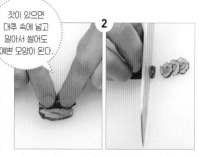

잣이 있으면
대추 속에 넣고
말아서 썰어도
예쁜 모양이 된다.

말린 대추는 꼭지를 떼고 젖은 행주로 먼지를 닦아낸 후 길게 반으로 갈라 펼쳐서 씨를 제거한다.

대추를 김밥 말듯이 돌돌 말아 모양을 살려 얇게 썬다.

단호박은 전자레인지에 2~3분 정도 돌린다.

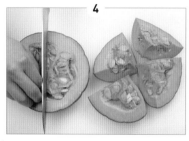

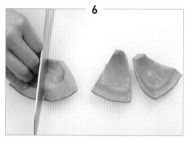

전자레인지에 돌린 단호박을 반으로 자른 후 4등분한다.

꼭지를 잘라내고 숟가락으로 씨를 발라낸다.

4등분한 단호박을 다시 반으로 잘라 먹기 좋은 크기로 준비한다.

냄비에 물, 황설탕을 넣고 불에 올려 황설탕이 완전히 녹을 때까지 저어준다.

단호박을 껍질 부분이 아래로 가도록 해서 넣고, 뚜껑을 닫고 끓인다.

끓기 시작하면 약불로 줄이고, 단호박에서 나온 물이 조림 양념과 섞여 함께 졸여지면서 국물이 자작해질 때까지 조린다.

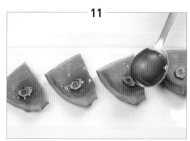

단호박은 밤처럼 달고 고소해 밤호박이라고도 하며, 가을에 가장 맛있다.

뚜껑을 열고 단호박을 접시에 옮겨 담는다.

호박 위에 대추를 올리고, 냄비에 남아 있는 조림 양념을 끼얹어서 완성한다.

꽈리고추찜

밥을 부르는 칼칼한 맛의 꽈리고추찜.
꽈리고추는 쪄내면 향과 식감이 더욱
좋아져 찜 요리에 딱 어울리는 재료다.

 재료(2인분)

꽈리고추 20개 (120g)
밀가루 ⅓컵 (40g)
통깨 약간

 양념장

대파(흰 부분) ½대 (30g)
간 마늘 1½큰술
굵은 고춧가루 1큰술
황설탕 ½큰술

진간장 5큰술
통깨 ½큰술
참기름 1큰술

조리 도구: 찜기, 면포

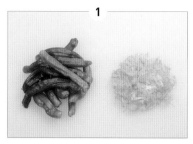

1

꽈리고추는 꼭지를 따고, 대파는 길게 반 갈라 0.3cm 두께로 송송 썬다.

2

볼에 밀가루를 넣고 꽈리고추를 넣는다.

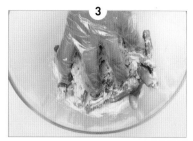

3

꽈리고추에 밀가루가 골고루 묻도록 손으로 버무린다.

아삭한 식감을 원한다면 김이 오른 후 3분, 부드러운 식감을 원한다면 김이 오른 후 5분 정도 찌는 것이 좋다.

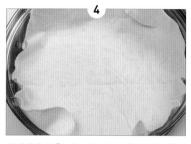

4

찜냄비에 물을 넣고 면포를 씌운 찜기를 올린 후 불에 올려 김을 올린다.

5

김이 오르면 꽈리고추를 서로 뭉치지 않도록 펼쳐서 넣는다.

6

뚜껑을 닫고 3~5분 정도 찐다.

양념장 만들기

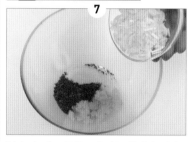

7

볼에 간 마늘, 굵은 고춧가루, 황설탕, 대파를 넣는다.

8

진간장, 통깨, 참기름을 넣고 저어가며 섞어서 양념장을 만든다.

9

큰 볼에 잘 쪄진 꽈리고추를 넣고 양념장을 넣은 후 양념이 잘 배도록 골고루 무친다.

10

접시에 옮겨 담고 통깨를 뿌려서 완성한다.

*꽈리고추에 밀가루를 묻혀서 찌면 나중에 양념이 잘 묻는다. 밀가루가 없다면 찹쌀가루 등 꽈리고추에 묻을 수 있는 가루 모두 가능하지만 가급적 밀가루를 쓰는 것이 좋다.

*기호에 따라 잘 쪄진 꽈리고추를 따로 담아 통깨를 뿌리고, 양념장과 곁들여 내는 것도 좋다.

명란달걀말이

유난히 잘 어울리는 명란젓과 달걀의 찰떡궁합 요리 명란달걀말이.
고소하고 짭쪼름한 명란이 폭신한 달걀에 싸여 보기만 해도 식욕이 돋는다.

재료(2인분)

- **달걀** 5개
- **명란** 1줄
- **쪽파** 1대 (10g)
- **황설탕** 약간
- **식용유** $1\frac{1}{2}$큰술

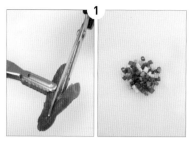

1

명란은 가위를 이용해 길게 반으로 자른다. 쪽파는 0.5cm 두께로 송송 썬다.

2

볼에 달걀을 넣고 황설탕을 넣은 후 젓가락으로 저어 달걀을 곱게 푼다.

3

식용유를 닦아내듯이 얇게 발라야 맛도 좋고 모양도 예쁘게 완성된다.

팬에 식용유를 넣고 불에 올린 후 키친타월을 접어 식용유를 얇고 고르게 펴준다.

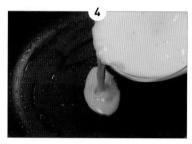

4

달걀물을 세 번에 나눠서 부을 양을 가늠한 후 약불에서 ⅓ 양의 달걀물을 넣고, 넓고 얇게 펼친다.

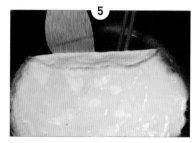

5

달걀물이 익으면 뒤집개와 젓가락을 이용해 한쪽 끝부터 두세 번 말아준다.

6

달걀 위에 명란을 올리고 그 위에 쪽파를 넣는다.

달걀말이를 처음 시작할 때 찢어져도 계속 굴려가면서 말면 모양이 잡히므로 당황하지 않아도 된다.

7

명란과 쪽파를 넣은 쪽으로 감싸듯이 접어준 후 천천히 말아준다.

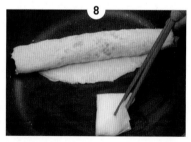

8

달걀말이를 팬 위쪽으로 옮기고 키친타월에 묻어 있는 식용유를 팬 바닥에 발라준다.

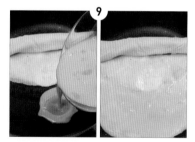

9

말려 있는 달걀말이 끝부분에 ⅓ 양의 달걀물을 이어서 넣는다.

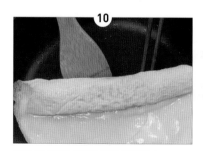

10

같은 방법으로 천천히 돌돌 말아준다.

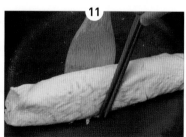

11

마지막 ⅓ 양의 달걀물을 넣고 같은 방법으로 천천히 말아준 후 달걀말이를 세워 양 옆면도 노릇하게 익힌다.

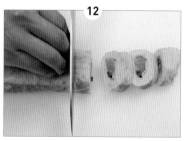

12

달걀말이를 팬에서 꺼내 먹기 좋은 크기로 잘라서 완성한다.

알배추겉절이

만능겉절이양념장에 아삭아삭한 알배추가 버무려진 알배추겉절이.
알배추를 얇게 채 썰어 양념이 골고루 배서 더욱 맛있다.

 재료(2인분)

알배춧잎 4장 (140g)
만능겉절이양념장 2큰술
통깨 약간

만능겉절이양념장

대파 1대 (100g)
간 마늘 1큰술
굵은 고춧가루 $\frac{1}{3}$컵 (약 27g)
황설탕 2큰술
국간장 $\frac{1}{3}$컵 (60㎖)
액젓 $\frac{1}{3}$컵 (60㎖)
깨소금 2큰술

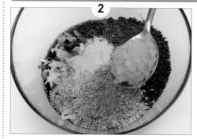

1

알배춧잎은 반으로 잘라 줄기는 0.5cm 두께로, 잎사귀는 2cm 두께로 길게 썬다. 대파는 반으로 갈라 0.3cm 두께로 송송 썬다.

2

볼에 대파, 국간장, 액젓, 굵은 고춧가루, 깨소금, 황설탕, 간 마늘을 넣는다.

3

재료를 잘 섞어서 만능겉절이양념장을 완성한다.

4

큰 볼에 알배춧잎을 넣고 만능겉절이양념장 2큰술을 넣는다.

5

손으로 재료가 잘 섞이도록 살살 무치듯이 버무린다.

6

접시에 옮겨 담고 통깨를 뿌려서 완성한다.

Tip

만능겉절이양념장은 약간 질퍽한 상태의 양념장으로, 양념을 냉장 보관하면 고춧가루가 수분을 흡수해 뻑뻑해진다. 이때는 물이나 액젓을 조금 넣어서 걸쭉한 상태로 만들어서 사용하면 된다.

파김치

바로 먹으면 아삭하고 숙성시켜서 먹으면 깊은 맛을 느낄 수 있는 파김치.
액젓에 쪽파를 골고루 절여주고 쪽파가 엉키지 않게 가지런히 놓는 것이 포인트다.

 재료(4인분)

쪽파 1단 (1.5kg, 깐 쪽파 1kg)
액젓 ½컵 (120㎖)

●양념
양파 ½개 (125g)
간 마늘 3큰술
굵은 고춧가루 2컵 (160g)
황설탕 2큰술
새우젓 3큰술

●밀가루풀
밀가루 2큰술
물 2컵 (360㎖)

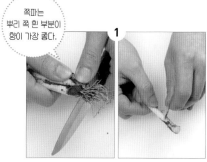

쪽파는 뿌리 쪽 한 부분이 향이 가장 좋다.

1

쪽파는 뿌리 쪽에 최대한 가깝게 칼집을 내서 뿌리를 제거하고 손으로 하나씩 분리한다.

2

겉껍질을 벗기고 노랗게 변하거나 시든 줄기 끝부분은 잘라내며 다듬는다.

쪽파는 줄을 잘 맞춰놓아야 나중에 엉키지 않고 꺼내 먹기 쉽다.

3

쪽파를 흐르는 물에 깨끗이 씻어 체에 받쳐 물기를 제거한 후 넓은 볼에 넣고 쪽파 뿌리 쪽에 액젓을 넣는다.

4

5분에 한 번씩 양손으로 쪽파를 뒤집어준다.

5

같은 방법으로 뒤집으며 15분 정도 절인다. 이때 중간에 끼어 있는 쪽파도 골고루 펴주고 위치를 바꿔가며 절인다.

6

쪽파가 절여지는 동안 냄비에 밀가루와 물을 넣고 약불에서 충분히 걸쭉해질 때까지 주걱으로 저어가며 3분 정도 끓인 후 식혀서 밀가루풀을 완성한다.

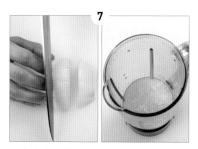

7

쪽파가 절여지는 동안 양파를 잘게 썬 후 믹서에 넣고 간다.

8

큰 볼에 간 양파, 간 마늘, 새우젓, 굵은 고춧가루, 황설탕, 식혀둔 밀가루풀을 넣는다.

9

재료를 골고루 섞어서 양념을 만든다.

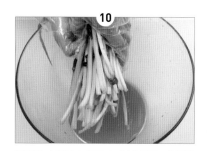

10

쪽파를 손으로 눌러주며 15분 정도 더 절인다. 이때 5분에 한 번씩 뒤집는다. 양손으로 눌러주면 액젓이 쪽파 속으로 들어가 더 잘 절여진다.

액젓을 넣어서 양념이 묽어져야 쪽파에 바를 때 수월하다.

11

쪽파를 절이고 남은 액젓은 양념에 넣고 골고루 섞는다.

*쪽파 절이는 시간 총 30분 중에 뿌리 쪽만 먼저 15분 정도! 쪽파를 한 번에 다 절이면 줄기 쪽이 너무 절여져 흐물거리므로 비스듬히 세워 뿌리 쪽부터 절인다.

*수분이 적은 쪽파는 밀가루 양을 적게 넣어 풀의 농도를 연하게 쑤어야 한다.

넓은 볼에 쪽파 한 줌을 가지런히 펼친다.

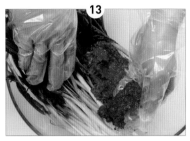
뿌리 쪽부터 시작해서 줄기 쪽 끝까지 양념을 골고루 바른다.

그 위에 쪽파 한 줌을 가지런히 펼친 후 층층이 쌓아가며 같은 방법으로 양념을 바른다.

양념을 바른 쪽파 3개씩을 한 묶음으로 만들어 뿌리 쪽을 잡고 검지손가락에 걸쳐서 접는다.

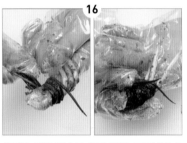
뿌리를 잡은 쪽으로 돌려 감아 고정시킨 후 쪽파를 검지손가락에서 뺀다.

같은 방법으로 돌려 감아 밀폐용기에 가지런히 담는다. 이때 양념이 너무 떨어져 나가지 않도록 주의한다.

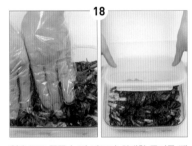
양손으로 꾹꾹 눌러 담으며 최대한 공기를 뺀 후 뚜껑을 닫고 하루 동안 실온 보관 후 냉장 보관한다.

*쪽파를 손질하면서 벗겨낸 겉껍질은 버리지 말고 모아서 활용한다. 송송 썰어 보관해놓고 라면에 넣어 먹거나 고명 등으로 활용하면 좋다.

*김치는 담그자마자 맛을 보면 양념이 덜 배었기 때문에 짠맛이 느껴지는 게 정상이다. 양념이 골고루 배고 익으면서 짠맛은 사라진다.

*집에 풀 쑬 재료가 없을 때는 믹서에 찬밥과 물을 넣고 갈아서 사용한다. 풀은 김치 재료에 양념이 골고루 잘 배게 하고 유산균의 발효를 도와 숙성이 잘 되도록 도와주는 역할을 한다. 풀을 넣으면 양념 맛이 더욱 풍부해진다.

고추장아찌무침

재료(2인분)

고추장아찌 32개 (250g)
간 마늘 1큰술
굵은 고춧가루 1½큰술
고운 고춧가루 2큰술
물엿 ¼컵 (45㎖)
통깨 ½큰술

1

고추장아찌는 체에 밭쳐 물기를 뺀다.

단맛이 부족하다면
물엿 대신
황설탕으로 보충해야
질척거리지 않는다.

2

볼에 고추장아찌를 넣고 간 마늘, 굵은 고춧
가루, 고운 고춧가루, 통깨, 물엿을 넣는다.

3

손으로 주물러가며 양념이 잘 섞이도록 무친
다.

4

접시에 옮겨 담고 통깨를 뿌려서 완성한다.

오이소박이

여름을 대표하는 반찬 오이소박이를 맛있게 익히는 비결은
밀폐용기에 넣을 때 공기가 들어가지 않도록 손으로 꾹꾹 눌러주는 것이다.

재료(4인분)

오이 5개 (약 1,100g)
부추 2컵 (110g)
당근 ⅓개 (90g)
꽃소금 3큰술
물 ⅗컵 (120㎖)

양념소
양파 ½개 (약 62g)
간 마늘 1큰술
간 생강 ⅓큰술
굵은 고춧가루 ⅗컵 (약 52g)
황설탕 2큰술
액젓 ⅓컵 (60㎖)
새우젓 1½큰술

밀가루풀
밀가루 ½큰술
물 ⅓컵 (60㎖)

1

부추와 당근은 칼집 넣은 부분에 넣어야 하니 잘게 썬다.

부추는 1cm 두께로 잘게 썰고, 당근은 길이 5cm, 두께 0.3cm로 채 썬다.

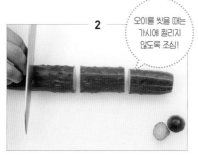

2

오이를 씻을 때는 가시에 찔리지 않도록 조심!

오이는 양쪽 끝 가까이의 꼭지를 자르고 4등분한다.

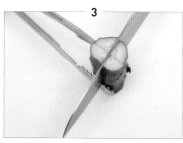

3

집게를 이용해 오이 밑부분에 대고 십자로 칼집을 넣는다.

4

일반 굵은 소금을 쓰면 불순물이 있을 수 있어 절인 후 물에 헹궈야 해서 번거롭다.

물 ⅔컵에 꽃소금을 넣고 녹을 때까지 저어 소금물을 만든다.

5

큰 볼에 소금물, 오이를 넣은 후 양손으로 오이와 소금물이 골고루 섞이도록 뒤적여준다. 이때 칼집을 낸 쪽에 소금물이 들어갈 수 있도록 잘 섞은 후 40분 정도 절인다.

6

냄비에 물 ½컵과 밀가루를 넣고 불에 올리기 전에 저어가며 충분히 풀어준다.

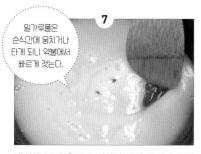

7

밀가루풀은 순식간에 뭉치거나 타게 되니 약불에서 빠르게 젓는다.

냄비를 불에 올리고 점성이 생길 때까지 주걱으로 저어준 후 불에서 내려 식혀서 밀가루풀을 완성한다.

8

중간에 2~3번 정도 양손으로 뒤적여주며 오이를 절인 지 40분이 지나면 체에 밭쳐 물기를 뺀다.

9

황설탕을 넣지 않고 단맛 내기를 원한다면 양파를 조금 더 넣는다.

믹서에 액젓, 새우젓, 황설탕, 양파를 넣고 곱게 간다.

10

큰 볼에 식혀둔 밀가루풀을 넣고 갈아놓은 양념을 넣은 후 섞는다. 이때 밀가루풀이 살짝 굳었으면 저어가며 풀어준다.

11

굵은 고춧가루, 간 마늘, 간 생강을 넣고 저어가며 섞는다.

*중간에 뒤적일 때 칼집 넣은 부분이 벌어지면 소금물이 배면서 잘 절여지고 있다는 표시다.

*사용한 믹서는 바로 물로 헹궈야 젓갈 냄새가 배지 않는다. 냄새가 안 빠질 경우 감자를 넣고 갈면 냄새를 없앨 수 있다.

12

당근, 부추를 넣고 잘 섞어서 양념소를 완성한다

13

오이의 칼집 넣은 부분을 벌려 양념소를 깊이 넣는다. 이때 양념소가 부족하거나 남지 않도록 분량을 잘 조절한다.

공기가 적게 들어갈수록 오이소박이가 골고루 잘 익는다.

14

밀폐용기에 완성한 오이소박이를 가지런히 차곡차곡 넣고 공기가 들어가지 않도록 두 손으로 꾹꾹 눌러준다.

15

뚜껑을 닫고 반나절이나 한나절 실온 보관 후 냉장 보관한다.

*오이소박이는 막 담그면 양념이 오이에 덜 배었기 때문에 짠맛이 느껴지는데 익는 과정에서 오이에서 물이 나와 짠맛이 약해진다.

*잘 익은 오이소박이는 오이소박이 냉국수(110쪽), 묵은 오이소박이는 오이지무침(107쪽)으로 활용할 수 있다.

절이는 과정 없이 바로 먹는 오이소박이

냄비에 꽃소금 1컵, 물 9컵을 넣고 끓이다가 끓어오르면 칼집 넣은 오이를 넣고 1분 동안 데쳐 바로 건진다. 양념소를 넣으면 바로 먹을 수 있는 오이소박이가 완성된다.

오이지무침

재료(4인분)

묵은 오이소박이 4개
쪽파 1대 (10g)
간 마늘 ½큰술
황설탕 1큰술
굵은 고춧가루 1큰술
진간장 1큰술
참기름 약간
통깨 약간

1

묵은 양념을 씻어내야 군내가 안 난다.

묵은 오이소박이는 물에 씻어 양념을 털어 낸 후 4등분하여 0.3cm 두께로 썰고, 쪽파는 0.3cm 두께로 송송 썬다.

2

오이소박이를 두 손으로 꼭 짜 물기를 없앤다.

3

양념은 오이소박이의 맛과 상태에 맞춰 조절한다.

볼에 물기를 제거한 오이소박이를 넣고 황설 탕, 굵은 고춧가루, 진간장, 간 마늘, 쪽파를 넣 고 잘 섞으며 조물조물 무친다.

4

묵은 오이소박이를 이용한 오이지무침은 물기가 생기니 먹을 때 바로 만들어 먹는 게 좋다.

참기름, 통깨를 넣고 잘 섞어서 완성한다.

실속 있는
일품요리 & 주말요리

특별한 메뉴로 입맛을 사로잡는다

'오늘은 뭐 먹지?' 고민을 말끔히 해결해줄 메뉴 16가지.

냉장고 속 재료로 뚝딱 만들 수 있는 국수류,

다양한 재료를 한 그릇에 담아 즐길 수 있는 밥류,

간단하지만 푸짐하게 즐길 수 있는 브런치,

가벼운 분식, 손님상에 내놓아도 손색없을 요리.

나만의 특별한 집밥으로 맛도 즐기고 건강도 지키자.

오이소박이
활용

오이소박이 냉국수

잘 익은 오이소박이를 활용하여 시원하고 칼칼한 냉국수를 만들어보자.
양조식초를 듬뿍 넣어 새콤한 맛을 올리는 것이 포인트다.

 재료 (2인분)

잘 익은 오이소박이 3개
건소면 200g
청양고추 2개 (20g)
쪽파 ½대 (5g)
물 7컵 (1,260㎖)
사각얼음 10개

· 냉국
간 마늘 1큰술
굵은 고춧가루 2큰술
황설탕 2큰술
국간장 2큰술
양조식초 ½컵 (90㎖)
액젓 2큰술
물 3컵 (540㎖)

너무 익었다 싶으면 양념을 털어내고 사용한다.

1

잘 익은 오이소박이를 볼에 넣고 가위를 이용해 2cm 길이로 자른다. 쪽파와 청양고추는 0.3cm 두께로 송송 썬다.

국간장과 황설탕의 양은 기호에 따라 조절.

2

볼에 황설탕, 굵은 고춧가루, 간 마늘, 국간장, 액젓, 물 3컵을 넣고 섞은 후 마지막에 양조식초를 조금씩 넣으며 간을 맞춰서 냉국을 만든다.

3

냉국에 간이 배도록 오이소박이에 냉국을 넣고 냉장고에 넣어둔다.

소면 삶기

4

손으로 건소면을 쥐어 조리할 분량을 준비해둔다. 500원짜리 동전 크기 정도로 잡으면 1인분이다.

5

깊은 냄비에 물 6컵을 넣고 팔팔 끓인 후 건소면을 펼쳐서 넣는다. 젓가락으로 저어 소면이 물에 잠기도록 풀어준다.

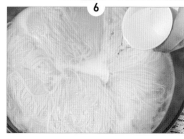

6

물이 끓어오르면 냉수 ½컵을 넣고 젓가락으로 저으며 계속 끓인다.

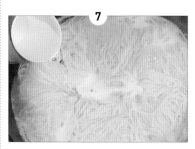

7

물이 두 번째로 끓어오르면 다시 냉수 ½컵을 넣고 젓가락으로 저으며 끓인다.

8

물이 세 번째로 끓어오르면 불을 끄고, 체로 면을 건져낸다.

찬물에 빨듯이 헹궈 면 사이에 붙은 전분을 씻어줘야 식감이 쫄깃하다.

9

건져낸 면을 재빨리 찬물이나 얼음물에 넣고 빨듯이 강하게 비벼서 전분을 제거한 후 체에 밭쳐 물기를 뺀다.

10

냉장고에서 냉국을 꺼내 얼음, 청양고추를 넣는다.

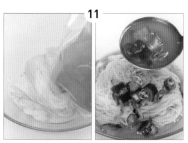

11

물기를 뺀 면을 그릇에 한 바퀴 돌려서 담고 냉국을 넣는다.

12

쪽파를 뿌려서 완성한다.

오이지비빔국수

재료(1인분)

오이지무침 1컵 (150g)
건소면 100g
쪽파 ½대 (5g)
물 5컵 (900㎖)
통깨 약간

오이지무침은
107쪽 참고!

소면 삶기는
111쪽 참고!

1

물기를 뺀 면을 볼에 넣고 오이지무침을 넣는다.

2

손으로 버무리듯이 골고루 비빈다.

3

비벼진 면을 먼저 그릇에 옮겨 담고 오이지무침을 넣는다.

4

쪽파를 0.3cm 두께로 송송 썰고, 쪽파와 통깨를 뿌려서 완성한다.

카레볶음밥

드라이카레
활용

재료(1인분)

밥 1공기 (약 210g)
드라이카레 2½큰술

드라이카레
만들기는
53쪽 참고!

1

팬에 따뜻한 밥을 넣고 만들어둔 드라이카레를 넣는다.

2

밥과 드라이카레가 잘 섞이도록 주걱으로 골고루 비벼준다.

3

충분히 비벼졌으면 불에 올려 볶아서 완성한다.

즉석밥을 사용해도 된다.

김치리소토

남녀노소 모두가 좋아하는 고소함이 가득한 김치리소토.
이제 집에서 간단하고 쉽게 만들 수 있다.

 재료(2인분)

신김치 2컵 (260g)
밥 2공기 (400g)
간 돼지고기 4큰술
양파 ½컵 (50g)
간 마늘 1큰술

꽃소금 약간
버터 40g
슬라이스 체더치즈 2장 (40g)
식용유 2큰술
물 2컵 (360㎖)

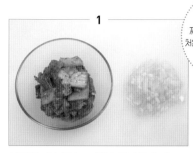

1

신김치는 볼에 넣고 가위로 먹기 좋게 자르고, 양파는 잘게 다진다.

2

볶음밥에 간 마늘을 넣으면 찌개 맛이 날 수 있으나 처음부터 볶아 마늘기름을 내면 고소한 맛을 낸다.

팬에 식용유를 넣고 불에 올린 후 마늘을 넣고 저어가며 노릇노릇하게 볶아 마늘기름을 낸다.

3

양파와 간 돼지고기를 넣는다.

4

베이컨이나 햄도 OK!

간 돼지고기가 완전히 익어 기름이 나오고 마늘과 양파의 수분이 날아갈 때까지 저어가며 노릇노릇하게 볶는다.

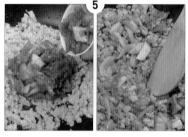

5

신김치를 넣고 다른 재료들과 잘 섞이도록 저어가며 볶는다.

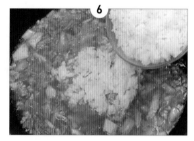

6

물을 넣고 밥을 넣은 후 충분히 섞어준다.

7

버터를 넣고 슬라이스 체더치즈를 손으로 찢어서 넣은 후 섞는다.

8

꽃소금 대신 진간장으로 간을 하면 한식 김치볶음밥 맛이 난다.

꽃소금을 넣고 간을 맞춰서 완성한다.

Tip

＊파마산치즈가루를 뿌려 먹으면 더욱 맛있다.

＊물을 넣으면 밥과 재료들이 골고루 섞이고 재료들이 쉽게 눈거나 타지 않는다. 물 대신 우유를 넣으면 고소함이 강해져 서양 음식 느낌이 난다.

밥솥취나물밥

밥솥만 있으면 누구나 만들 수 있는 한 그릇 요리.
취나물의 향과 돼지고기의 식감이 기막히게 어우러진다.

 재료(4인분)

시판용 삶은 취나물 300g
불린 쌀 3컵 (420g)
대파 1컵 (60g)
간 돼지고기 6큰술
간 마늘 ½큰술
된장 3큰술
들기름 3큰술
물 1½컵 (270㎖)

삶지 않은 나물로 요리를 하면 나물이 밥물을 빨아들여 밥이 설익을 수 있다.

삶은 취나물은 흐르는 물에 씻어 체에 받쳐 물기를 뺀다.

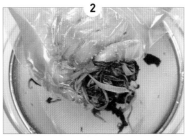

취나물을 손으로 꼭 짜서 남은 물기를 제거한다.

대파는 0.3cm 두께로 송송 썰고, 취나물은 2cm 두께로 썬다.

전기압력밥솥에 불린 쌀과 물을 넣고 그 위에 취나물을 골고루 펴서 넣는다.

간 돼지고기가 익으면서 뭉칠 수 있으므로 골고루 넓게 펴주는 것이 좋다.

취나물 위에 간 돼지고기를 넣고 숟가락을 이용해 넓게 펴준다.

간은 된장 양으로 조절!

간 마늘, 된장, 들기름을 넣는다.

백미에 맞춰 취사한다.

대파를 넣고 밥을 안친다.

취사가 완료되면 주걱으로 밥과 재료를 골고루 섞은 후 그릇에 옮겨 담아서 완성한다.

밥솥가지밥과 양념장

가지로 할 수 있는 요리 중 별미인 가지밥.
파기름과 진간장에 눌린 향이 가지에 스며들어 더욱 풍성한 맛을 낸다.

 재료(4인분)

가지 2개 (200g)
쌀 2컵 (320g)
대파 ½대 (50g)
진간장 1½큰술
식용유 ⅓컵 (45㎖)
물 1⅔컵 (300㎖)

 양념장

부추 ⅔컵 (40g)
대파 ¼컵 (20g)
청양고추 2개 (20g)
간 마늘 1큰술
진간장 ⅔컵 (120㎖)
황설탕 ½큰술

굵은 고춧가루 2큰술
깨소금 2큰술
참기름 1큰술

1

쌀은 깨끗하게 씻어 15분 정도 불린다.

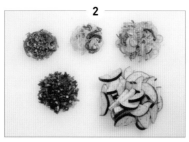

2

청양고추, 양념장용 대파는 길게 반 갈라 0.3cm 두께로, 파기름용 대파, 부추는 0.3cm 두께로 송송 썬다. 가지는 반으로 잘라 0.5cm 두께의 반달 모양으로 썬다.

3

넓은 팬에 대파와 식용유를 넣고 불에 올린 후 강불에서 파기름을 낸다.

4

대파가 노릇노릇하게 익으면, 가지를 넣고 숨이 죽을 때까지 저어가며 볶는다.

5

진간장이 놀리며 향과 맛이 가지에 스며든다.

가지에서 열기가 올라오면 진간장을 팬 가장 자리에 빙 둘러 넣고 볶인다.

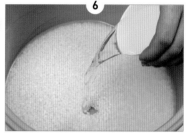

6

불린 쌀을 전기압력밥솥에 넣고 물 양을 맞춘다. 가지에서 물이 나오므로 평상시 밥물 양보다 적게 잡는다.

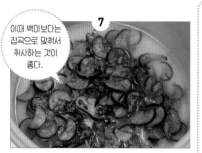

7

이때 백미보다는 잡곡으로 맞춰서 취사하는 것이 좋다.

쌀 위에 가지를 올리고 밥을 안친다.

🍶 양념장 만들기

8

작은 볼에 대파, 청양고추, 부추를 넣는다.

9

채소에서 수분이 나오므로 그 양을 감안하여 진간장을 넣는다. 모든 재료가 자박자박하게 잠길 정도!

간 마늘, 황설탕, 굵은 고춧가루, 깨소금, 진간장을 넣는다.

가지 다듬는 법

가지는 꼭지 부분에 붙은 이파리를 벗겨낸 다음 연필 깎듯이 칼로 잘라내고 끝부분은 자른다.

10

참기름을 넣고 섞어서 양념장을 만든다.

11

기호에 따라 조미김가루 추가!

취사가 완료되면 주걱으로 바닥까지 밥을 골고루 섞어 그릇에 옮겨 담고 양념장과 함께 낸다.

어향가지

어향가지는 가지에 칼집을 넣고 양념장을 끼얹어 조리는 중국 정통요리다.
간단하면서도 근사한 요리를 집에서 도전해보자.

 재료(4인분)

가지 2개 (200g)   간 생강 ½큰술
간 돼지고기 ½컵 (75g) 식용유 ⅔컵 (120㎖)
대파 1컵 (60g)   (가지 익힘용 ⅓컵, 파기름용 ⅓컵)
청양고추 2개 (20g)   물 ½컵 (90㎖)
간 마늘 1큰술

 어향소스

된장 1큰술
굵은 고춧가루 1큰술
진간장 1큰술
황설탕 2큰술
식초 3큰술

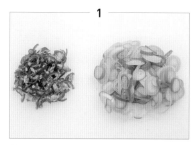

1

청양고추는 반으로 갈라 0.3cm 두께로, 대파는 0.3cm 두께로 송송 썬다.

2

가지가 부러지지 않을 정도로만 칼집 넣기!

가지는 1.5cm 간격으로 사선으로 ⅔ 정도 깊이까지 칼집을 넣고, 마름모 모양이 되도록 반대 방향으로도 칼집을 넣는다.

3

볼에 진간장, 식초, 황설탕, 굵은 고춧가루, 된장을 넣고 잘 섞어서 어향소스를 만든다.

4

팬을 불에 올리고 식용유 ⅓컵을 넣은 후 가지를 넣고 익힌다. 이때 가지의 칼집 넣은 쪽을 아래로 가게 한다.

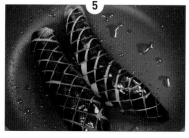

5

집게를 이용해 굴리듯이 익힌 후 꺼낸다. 이때 나중에 소스와 함께 한 번 더 조릴 것이므로 살짝만 익혀도 된다.

6

가지를 건져낸 팬에 식용유 ⅓컵, 대파를 넣고 강불에서 볶아 파기름을 낸다.

7

파기름이 나오면 간 돼지고기를 넣고 볶는다.

8

간 마늘, 간 생강, 청양고추를 넣고 저어가며 볶는다.

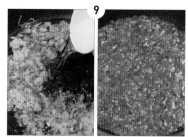

9

어향소스, 물을 넣고 저어준 후 맛과 향이 배도록 자박하게 끓이며 조린다.

10

소스가 끓어오르면 가지의 칼집 넣은 쪽을 아래로 가도록 놓고 조린다.

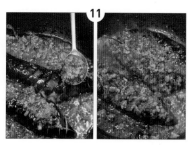

11

집게를 이용해 가지를 굴려 칼집 넣은 쪽을 위로 가게 두고 숟가락으로 소스를 끼얹어 어향소스의 맛과 향이 가지에 충분히 배고 소스가 걸쭉해질 때까지 조린다.

12

가지 모양이 흐트러지지 않도록 집게와 주걱을 이용해 접시에 옮겨 담고 팬에 남은 소스를 올려서 완성한다.

두부스크램블브런치

가장 친숙한 식재료 중 하나인 두부의 깜짝 변신.
두부가 들어가 더욱 부드럽고 고소한
또 다른 맛과 식감의 브런치를 즐겨보자.

 재료(2인분)

두부 반 모 1팩 (180g)
달걀 2개
식빵 2장 (60g)
베이컨 3줄 (48g)
버터 28g
(스크램블용 20g, 장식용 8g)
꽃소금 ¼큰술
후춧가루 약간

122

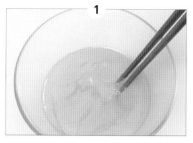

볼에 달걀을 넣고 젓가락을 이용해 잘 풀어
준다.

두부는 칼 옆면으로 눌러서 곱게 으깬다.

달걀을 푼 볼에 으깬 두부와 꽃소금을 넣고 저
어서 스크램블 반죽을 완성한다.

팬에 버터 20g을 넣고 불에 올려 녹인다.

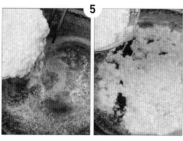

스크램블 반죽을 넣고 저어가며 익힌다.

후춧가루를 넣고 잘 섞는다.

마른 팬에 베이컨을 올려 앞뒤로 노릇노릇하
게 구운 후 꺼낸다.

마른 팬에 식빵을 올려 앞뒤로 노릇노릇하게
구운 후 꺼내 먹기 좋은 크기로 자른다.

버터와
스크램블을
잘 섞어서
먹는다.

접시에 스크램블, 베이컨, 식빵을 넣고 스크램
블 위에 버터 8g을 올려서 완성한다.

*두부를 으깰 때 도마에 배어 있는 냄새가 두부에 밸 수 있으니 나
무 도마는 피하는 것이 좋다. 나무 도마밖에 없을 경우에는 도마
에 랩을 씌워 사용한다.

*두부 양을 줄이면 만들기는 수월하지만 고소한 맛은 줄어들고 두부 양을 늘리
면 고소함과 식감이 배가된다.

두부샌드위치

달걀 없이 두부만으로 만든 두부스크램블을 올린 샌드위치.
두부의 콩 비린 맛을 잡아주는 비결은 파기름이다.

 재료(2인분)

두부 1모 (290g)
베이컨 3줄 (48g)
대파 1대 (100g)
식빵 2장 (60g)
슬라이스 체더치즈 2장 (40g)
꽃소금 약간
후춧가루 약간
케첩 기호에 따라
식용유 3큰술

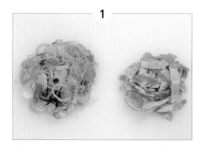

대파는 0.3cm 두께로 송송 썰고, 베이컨은 0.5cm 두께로 잘게 썬다.

슬라이스 체더치즈는 손으로 큼직하게 찢어놓고, 두부는 칼 옆면으로 눌러서 곱게 으깬다.

팬을 불에 올리고 식용유, 베이컨을 넣는다.

대파를 넣고 강불에서 볶아 파기름을 낸다.

베이컨이 노릇노릇해지면 두부를 넣고 저어가며 볶는다.

두부를 오래 볶는 것이 힘들면 으깬 후 바로 면포에 싸서 물기를 짜서 넣어도 된다.

후춧가루, 꽃소금을 넣고, 두부의 수분이 날아갈 때까지 충분히 볶는다.

치즈는 종류에 상관없이!

두부스크램블 위에 슬라이스 체더치즈를 올린 후 약불에서 치즈가 녹을 때까지 기다린다.

치즈가 녹으면 팬 끝을 접시에 받쳐 두부스크램블을 그대로 옮겨 담는다.

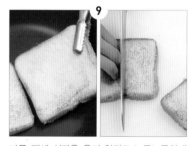

마른 팬에 식빵을 올려 앞뒤로 노릇노릇하게 구운 후 꺼내 반으로 자른다.

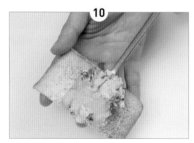

두부스크램블을 식빵 크기의 반 정도로 떠서 식빵 위에 올린다.

두부스크램블 위에 케첩을 뿌려서 완성한다.

한입 시금치피자

만두피를 활용한 바삭한 식감의 시금치피자.
신선한 토마토, 부드러운 시금치가 어우러진
깔끔하고 건강한 맛을 즐겨보자.

 재료 (2인분)

시금치 3뿌리 (96g)
토마토 1개 (230g)
양파 3큰술 (36g)
만두피 4장 (36g)
꽃소금 약간 (시금치 볶음용, 버무림용)
후춧가루 약간
파마산치즈가루 2큰술
올리브유 3큰술
식용유 3큰술

1

시금치는 뿌리 부분을 칼로 살살 긁어 흙을 털어낸다.

시금치 다듬을 시간이 없다면 최대한 뿌리 쪽으로 가깝게 잘라서 사용한다.

2

시금치를 흐르는 물에 깨끗이 씻어 체에 밭쳐 물기를 뺀다.

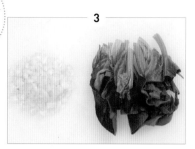

3

양파는 가로세로 0.4cm 크기로 썰고, 시금치는 3등분한다.

4

토마토는 윗면에 십(+)자로 칼집을 살짝 넣는다.

너무 오래 데치면 물러질 수 있으니 주의한다.

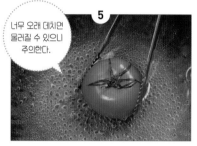

5

냄비에 물을 넣고 끓이다가 물이 팔팔 끓으면 토마토를 넣고 집게로 굴려가며 10초 정도 데친다.

6

토마토를 건져 바로 얼음물에 넣어 식힌다.

토마토 껍질을 벗기면 식감이 부드러워진다.

7

식혀둔 토마토를 건져 껍질을 벗긴다.

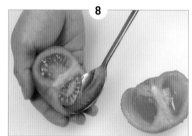

8

토마토를 반으로 자르고 꼭지를 떼어낸 후 숟가락을 이용해 속을 파낸다.

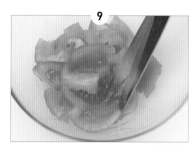

9

볼에 토마토를 넣고 가위를 이용해 최대한 잘게 자른다.

10

팬에 올리브유를 넣고 불에 올려 팬이 달궈지면 시금치와 꽃소금을 넣는다.

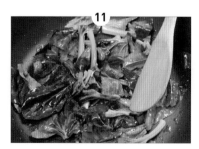

11

시금치를 올리브유에 살짝 무치듯이 섞어가며 빠르게 볶는다.

12

시금치의 숨이 죽기 시작하면 불을 끄고 넓은 그릇에 옮겨 담은 후 펼쳐서 식힌다.

볼에 토마토, 양파, 꽃소금, 후춧가루, 시금치
를 넣는다.

파마산치즈가루를 넣고 골고루 섞는다.

팬에 식용유를 넣고 불에 올려 팬이 달궈지
면 만두피를 넣고 튀기듯이 앞뒤로 노릇노릇
하게 굽는다.

잘 구워진 만두피를 접시에 옮겨 담고 그 위에
⑭를 보기 좋게 올려서 완성한다.

모둠냉채

재료 (4인분)

오이 10조각 (25g)
당근 10조각 (30g)
노랑 파프리카 10조각 (60g)
배 10조각 (62g)
대파(흰 부분) 2대 (120g)
햄 10조각 (50g)
게맛살 8개 (160g)
자숙칵테일새우 1컵 (15마리)

•만능냉채소스
연겨자 2큰술
땅콩버터 1큰술
황설탕 3큰술
진간장 3큰술
식초 3큰술

1

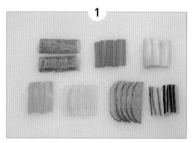

게맛살을 준비하고, 당근, 배, 오이는 길이 5cm, 두께 0.5cm로 썬다. 대파는 반 갈라 5cm 길이로 썰고, 파프리카는 길이 5cm, 두께 0.7cm로 썬다. 햄은 반 갈라 0.5cm 두께로 썬다.

2

> 새우는
> 알이 작은 것
> 사용.

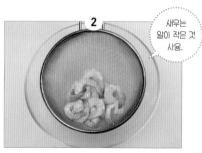

자숙칵테일새우는 물에 씻어 체에 받쳐 물기를 뺀다.

3

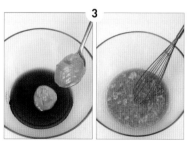

볼에 진간장, 황설탕, 식초, 연겨자, 땅콩버터를 넣고 뭉치지 않도록 거품기로 풀어주며 섞어서 만능냉채소스를 만든다.

4

> 같은 재료를
> 대칭이 되도록
> 담으면 더욱
> 보기 좋다.

넓은 접시에 썰어 놓은 재료를 보기 좋게 돌려 담는다. 작은 볼에 얼음을 넣고 그 위에 자숙칵테일새우를 올린 후 접시 중앙에 놓아서 완성한다.

크림새우

바삭하고 탱글탱글한 식감의 크림새우.
크림새우는 요리로 시켜야만 먹을 수 있다는 편견을 깨보자.

 재료(4인분)

칵테일새우 20마리 (200g)　　황설탕 2큰술
양상추 2장 (80g)　　　　　　식초 1큰술
레몬 3조각 (18g)　　　　　　식용유 1통 (1.8ℓ)
튀김가루 1컵 (100g)　　　　　물 ⅔컵 (120㎖)
마요네즈 4큰술

130

1

양상추는 씻어서 물기를 빼고, 레몬은 반으로 잘라 0.5cm 두께의 반달 모양으로 썬다.

2

새우는 알 굵은 것 사용!

칵테일새우는 물에 담가 가볍게 헹구며 해동 한 후 체에 밭쳐 물기를 뺀다.

3

크림새우용 튀김반죽은 물을 적게 넣어야 튀김옷이 두꺼워져 소스를 묻힐 때 튀김옷이 잘 벗겨지지 않는다.

볼에 튀김가루와 물을 넣고 젓가락으로 잘 섞 이도록 풀어주며 걸쭉하고 끈적끈적한 상태의 튀김반죽을 만든다.

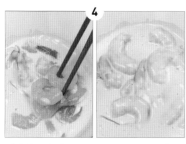

4

튀김반죽에 새우를 넣고 섞으며 튀김옷을 두 껍게 입힌다.

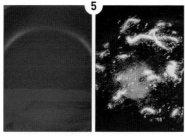

5

깊은 팬에 식용유를 넣고 강불에서 달군 후 튀 김반죽을 살짝 떨어뜨려 기름 온도를 체크한 다. 반죽이 3초 만에 떠오르면 적정 온도에 도 달한 것이다.

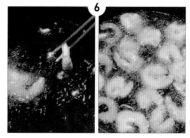

6

새우를 한 마리씩 넣고 서로 붙지 않도록 젓가 락으로 떼어가며 튀긴다.

7

튀김옷이 익어서 노릇노릇해지면 체로 건져 낸다.

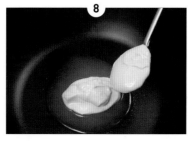

8

기름의 온도가 다시 올라가는 동안, 다른 팬 에 황설탕, 식초, 마요네즈를 넣고 약불에 올 린다.

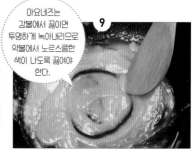

9

마요네즈는 강불에서 끓이면 투명하게 녹아내리므로 약불에서 노르스름한 색이 나도록 끓여야 한다.

주걱으로 저어가며 끓여서 크림소스를 완성 한다.

10

두 번 튀겨내어 더욱 바삭해진 식감!

기름 온도가 올라가면 건져놓은 새우를 넣 어 다시 한 번 튀겨낸 후 체로 건져 기름을 제거한다.

11

크림소스가 담긴 팬에 두 번 튀겨낸 새우튀김 을 넣고 소스와 새우튀김이 잘 섞이도록 저 어준다.

12

레몬을 짜서 뿌려 먹으면 맛과 향이 더욱 좋아진다.

접시에 양상추와 레몬으로 장식을 하고, 크림 새우를 옮겨 담아서 완성한다.

어묵비빔라면

국물 없이 만들어 먹는 비빔라면.
라면에 파기름과 어묵이 어우러져 더욱 색다른 별미 메뉴다.

 재료(1인분)

사각어묵 1장 (50g)
새송이버섯 1개 (60g)
라면 1개
대파 ½대 (50g)
황설탕 1큰술
굵은 고춧가루 ½큰술

고추장 ½큰술
통깨 약간
참기름 1큰술
식용유 1큰술
물 3컵 (540㎖)

재료를 얇게 채 썰면 면과 잘 어우러진다!

1

대파는 반으로 갈라 0.3cm 두께로 송송 썬다. 어묵은 반 잘라 0.3cm 두께로 썰고, 새송이 버섯은 0.3cm 두께로 편 썬 후 0.3cm 두께로 채 썬다.

2

큰 볼에 굵은 고춧가루, 황설탕, 고추장, 분말 스프를 겹쳐지지 않도록 나눠서 넣는다.

3

팬에 참기름, 식용유, 대파를 넣은 후 불에 올린다.

4

강불에서 노릇노릇하게 볶아 파기름을 낸다.

5

파기름을 ②에 돌려서 넣는다.

6

재료들을 숟가락으로 잘 저어가며 골고루 섞어서 비빔장을 완성한다.

7

냄비에 물을 넣고 불에 올려 물이 팔팔 끓어오르면 면, 건더기스프, 어묵, 새송이버섯을 넣는다.

찬물이나 얼음물에 면을 헹구면 꼬들꼬들하고 쫄깃한 식감이 나므로 면을 충분히 익혀줘야 한다.

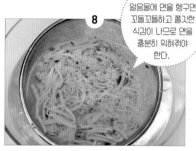

8

면이 익으면 면과 건더기를 체로 함께 건져서 곧바로 찬물이나 얼음물에 넣어 헹군 후 물기를 제거한다.

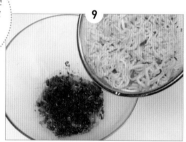

9

비빔장이 담긴 볼에 물기를 제거한 면과 건더기를 넣는다.

10

면에 간이 골고루 배도록 손으로 비빈다.

11

접시에 옮겨 담고 통깨를 뿌려서 완성한다.

Tip

＊라면 양에 비해 재료를 너무 많이 넣으면 라면 스프의 양이 부족해 맛이 싱거워질 수 있다.

＊비빔장을 마늘기름이나 양파기름으로 만들어도 맛있다. 마늘기름을 낼 때는 마늘이 노릇해질 때까지 볶아야 제맛을 낼 수 있다.

도라지튀김

튀김 재료로 생소한 도라지는 튀겨내면서 쓴맛과
질긴 식감이 사라지고 부드러워진다.

 재료 (4인분)

도라지 150g
당근 ⅓개 (45g)
튀김가루 ⅔컵 (약 67g)
식용유 1통 (1.8ℓ)
물 ⅓컵 (60㎖)

•간장소스
진간장 2큰술
식초 ½큰술
통깨 ½큰술

도라지는 물에 깨끗이 씻어 체에 밭쳐 물기를 뺀다.

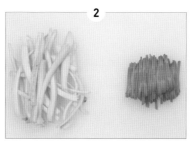

도라지가 너무 크거나 긴 것은 가위를 이용해 자르고, 당근은 0.3cm 두께로 채 썬다.

볼에 도라지를 넣고 튀김가루, 물을 넣는다.

반죽 농도는 마요네즈에 버무린 정도!

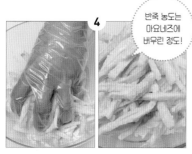

손으로 주물러가며 버무린다.

당근을 넣고 재료가 잘 섞이도록 손으로 주물러가며 버무린다.

작은 볼에 진간장, 식초, 통깨를 넣고 섞어 간장소스를 만든다.

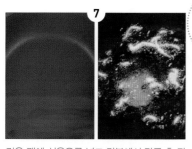

깊은 팬에 식용유를 넣고 강불에서 달군 후 튀김반죽을 살짝 떨어뜨려 기름 온도를 체크한다. 반죽이 3초 만에 떠오르면 적정 온도에 도달한 것이다.

당근과 함께 튀기면 도라지튀김의 맛과 색감이 더 좋아진다.

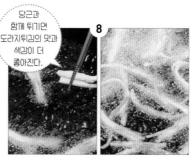

젓가락으로 도라지와 당근을 함께 넣고 튀긴다.

튀김이 노릇노릇하게 익으면 체로 건져서 꺼낸 후 접시에 옮겨 담아 간장소스와 함께 낸다.

들깨칼국수

들깨의 고소한 향이 입안에 사르르 퍼지는 뜨끈한 들깨칼국수.
액젓이 들어가 더욱 진한 맛이 난다.

 재료(2인분)

칼국수용 생면 320g
감자 1개 (200g)
표고버섯 2개 (40g)
시판용 들깻가루 9큰술
간 마늘 1큰술
액젓 ⅕컵 (36㎖)
물 7컵 (1,260㎖)

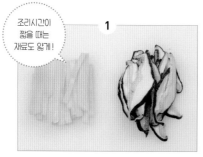

조리시간이 짧을 때는 재료도 얇게!

1 감자는 길이 5cm, 두께 0.5cm로 채 썰고, 표고버섯은 기둥을 잘라내고 0.3cm 두께로 얇게 채 썬다.

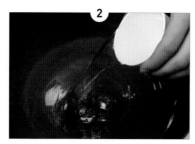

2 냄비에 물을 넣고 불에 올린다.

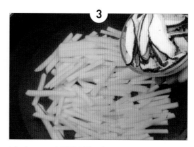

3 감자, 표고버섯을 넣는다.

4 칼국수면은 빠르게 씻어서 전분기를 제거한 후 체에 밭쳐 물기를 뺀다.

5 국물이 팔팔 끓어오르면 면을 넣고 면이 뭉치지 않도록 젓가락으로 살살 풀어주며 끓인다.

6 액젓, 간 마늘을 넣고 면이 충분히 익을 때까지 팔팔 끓인다.

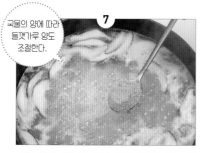

국물의 양에 따라 들깻가루 양도 조절한다.

7 면이 거의 익어갈 때쯤 들깻가루를 넣고 저어가며 끓인다. 이때 처음부터 들깻가루를 모두 넣지 말고 조금씩 넣으면서 농도를 맞추는 것이 좋다.

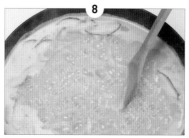

8 국물이 걸쭉해지면 바닥에 눋지 않도록 주걱으로 저어가며 끓여서 완성한다.

Tip

시판용 들깻가루는 껍질째 간 것과 껍질을 벗겨서 간 것 두 종류가 있다. 껍질째 간 것으로 들깨칼국수를 끓이려면 믹서에 갈아서 향을 충분히 낸 다음에 우유와 함께 넣어 끓이면 부드럽고 진한 맛을 낼 수 있다.

고추닭볶음

간장양념에 노릇노릇하게 익은 닭다리 살과
꽈리고추 특유의 향이 어우러져 특별한 요리가 완성된다.

 재료(4인분)

뼈 없는 닭다리 살 500g
꽈리고추 20개 (120g)
말린 홍고추 5개 (20g)
대파 ½컵 (50g) + 1½대 (150g)
(파기름용 ½컵, 볶음용 1½대)
양배추 1½컵 (80g)

통마늘 15개 (75g)
간 마늘 ½큰술
진간장 ½컵 (60㎖)
황설탕 2큰술
식용유 3큰술
물 ½컵 (90㎖)

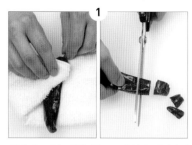

1

말린 홍고추는 젖은 행주로 살살 문질러가며 깨끗이 닦은 후, 가위를 이용해 2cm 두께로 자른다.

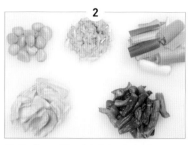

2

통마늘은 꼭지를 잘라낸다. 파기름용 대파는 0.3cm 두께로 송송 썰고, 볶음용 대파는 5cm 길이로 썬다. 양배추는 길이 5cm, 두께 2cm로 썰고, 꽈리고추는 가위를 이용해 반으로 자른다.

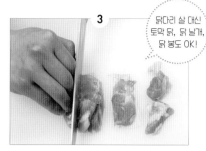

닭다리 살 대신 토막 닭, 닭 날개, 닭 봉도 OK!

3

닭다리 살은 가로세로 3cm 크기로 먹기 좋게 썬다.

4

넓은 팬에 식용유를 넣고 불에 올린 후 닭다리 살을 넣는다.

5

닭다리 살의 수분이 날아가고 기름이 나올 때까지 볶는다.

말린 홍고추 씨도 함께 넣어 볶는다. 말린 홍고추와 대파가 볶아지면서 향이 더욱 풍부해진다.

6

닭다리 살에서 기름이 나오기 시작하면 대파 ½컵, 통마늘, 말린 홍고추를 넣는다.

7

닭다리 살이 노릇노릇해질 때까지 충분히 볶는다.

8

양배추, 황설탕을 넣고 푹 익히며 볶다가 윤기가 날 때까지 기름에 눌린다.

물은 불세기에 따라 ½컵~1컵 정도로 양 조절.

9

물을 넣고 조리듯이 끓인다.

진간장은 입맛에 따라 조절!

10

진간장을 넣고 끓이다가 간 마늘을 넣고 물기가 날아가고 기름기만 남을 정도로 졸인다.

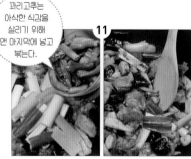

꽈리고추는 아삭한 식감을 살리기 위해 맨 마지막에 넣고 볶는다.

11

대파 1½대, 꽈리고추를 넣고 골고루 섞으며 볶아서 완성한다.

*양배추는 볶으면 지저분해 보일 수 있으므로 큼직하게 써는 것이 좋다. 꽈리고추는 너무 잘게 자르면 맛이 떨어지므로 한입 크기로 자른다.

*정육이 아닌 토막 닭을 사용할 경우 겉이 노릇하다고 속까지 익은 것이 아니므로 물을 넣은 후 오랫동안 조리해야 한다.

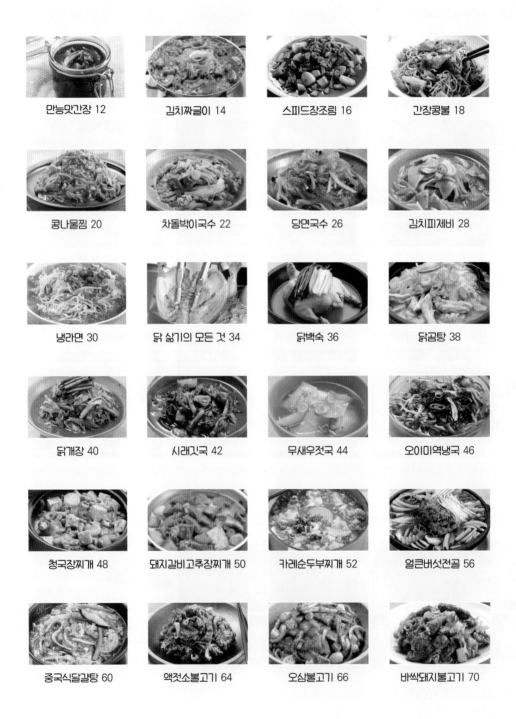